中国古建全集

居住建筑 2

简装版

金盘地产传媒有限公司　策划

广州市唐艺文化传播有限公司　编著

中国林业出版社
China Forestry Publishing House

前言

每一座古建筑都有它独特的形式语言，现代仿古建筑、新中式风格流行的市场环境，让这些建筑语言受到了很多人的追捧，但是如果开发商或者设计师只是模仿古建筑的表面形式，是很难把它们的精髓完全掌握的，只有真正了解这些建筑背后的传统文化，才能打造出引人共鸣、触动心灵的建筑。

本书从这一点着手，试图通过全新的图文形式，再次描摹我们老祖宗留下来的这些文化遗产。全书共十本一套，选取了220余个中国古建筑项目，所有实景都是摄影师从全国各地实拍而来，所涉及的区域之广、项目之全让我们从市场上其他同类图书中脱颖而出。我们通过高清大图结合详细的历史文化背景、建筑装饰设计等文字说明的形式，试图梳理出一条关于中国古建筑设计和文化的脉络，不仅让专业读者可以更好地了解其设计精髓，也希望普通读者可以在其中了解更多古建筑的历史和文化，获更多的阅读乐趣。

全书主要是根据建筑的功能进行分类，一级分类包括了居住建筑、城

公共建筑、皇家建筑、宗教建筑、祠祀建筑和园林建筑；在每一个一级

分类下，又将其细分成民居、大院、村、寨、古城镇、街、书院、钟楼、

鼓楼、宫殿、王府、寺、塔、道观、庵、印经院、坛、祠堂、庙、皇家

园林、私家园林、风景名胜等二级分类；同时我们还设置了一

条辅助暗线，将所有的项目编排顺序与其所在的

不同区域进行呼应归类。而在具体的编写中，

我们则将每一建筑涉及到的历史、科技、

艺术、音乐、文学、地理等多方面的

特色也重点标示出来，从而为读者

带来更加新颖的阅读体验。本书

希望以更加简明清晰的形式让读

者可以清楚地了解每一类建筑的特

色，更好地将其运用到具体的实践中。

古人曾用自己的纸笔有意无意地记录下他们生

活的地方，而我们在这里用现代的手段去描绘这些或富丽、

精巧、或清幽、或庄严的建筑，它们在几千年的历史演变中，承载着

国丰富而深刻的传统思想观念，是民族特色的最佳代表。我们希望这

书可以成为读者的灵感库、设计源，更希望所有翻开这本书的人，都

以感受到这本书背后的诚意，了解到那些独属于中国古建和传统文化

故事！

中国古建筑主要是指 1911 年以前建造的中国古代建筑，也包括晚清建造的具有中国传统风格的建筑。一般来说，中国古建筑包括官式建筑与民间建筑两大类。官式建筑又分为设置斗拱、具有纪念性的大式建筑，与不设斗拱、纯实用性的小式建筑两种。官式建筑是中国古代建筑中等级较高的建筑，其中又分为帝王宫殿与官府衙署等起居办公建筑；皇家苑囿等园林建筑；帝王及后妃死后归葬的陵寝建筑；帝王祭祀先祖的太庙、礼祀天地山川的坛庙等礼制建筑；孔庙、国子监及州学、府学、县学等官方主办的教育建筑；佛寺、道观等宗教建筑多类。

民间建筑的式样与范围更为广泛，包括各具地方特色的民居建筑；官僚及文人士大夫的私家园林；按地方血缘关系划分的宗祠建筑；具有地方联谊及商业性质的会馆建筑；各地书院等私人教育性建筑；位于城镇市井中的钟楼市楼等公共建筑；以及城隍庙、土地庙等地方性宗教建筑，都属于中国民间古建筑的范畴。

中国古建筑不仅包括中国历代遗留下来的有重要文物与艺术价值的构筑，也包括各个地区、各个民族历史上建造的具有各自风格的传统建筑。古代中国建筑的历史遗存，覆盖了数千年的中国历史，如汉代的石阙、石墓室；南北朝的石窟寺、砖构佛塔；唐代的砖石塔与木构佛殿等等。唐末以来的地面遗存中，砖构、石构与木构建筑保存的很多。明清时代的遗存中，更是完整地保存了大量宫殿、园林、寺庙、陵寝与民居建筑群，从中可以看出中国建筑发展演化的历史。同时，中国是一个多民族的国家，藏族的堡寨与喇嘛塔，维吾尔族土坯建筑，蒙古族的毡帐建筑，西南少数民族的竹楼、木造吊脚楼，都是具有地方与民族特色的中国古建筑的一部分。

古建筑演变史

中国古建筑的历史，大致经历了发生、发展、高潮与延续四个阶段。一般来说，先秦时代是中国古建筑的孕育期。当时有活跃的建筑思想及较宽松的建筑创造环境。尤其是春秋战国时期，各诸侯国均有自己独特的城市与建筑。秦始皇一统天下后，曾经模仿六国宫室于咸阳北阪之上，反映了当时建筑的多样性。秦汉时期是中国古建筑的奠基期。这一时

期建造了前所未有的宏大都城与宫殿建筑，如秦代的咸阳阿房前殿，"上可以坐万人，下可以建五丈旗，周驰为阁道，自殿下直抵南山，表南山之巅以为阙"，无论是尺度还是气势，都十分雄伟壮观。汉代的未央、长乐、建章等宫殿，均规模宏大。

魏晋南北朝时期，是中外交流的活跃期，中国古建筑吸收了许多外来的影响，如琉璃的传入、大量佛寺与石窟寺的建造等。隋唐时期，中外交流与融合更达到高潮，使唐代建筑呈现了质朴而雄大的刚健风格。

如果说辽人更多地承续了唐风，宋人则容纳了较多江南建筑的风韵，更显风姿卓约。宋代建筑的造型趋向柔弱纤秀，建筑中的曲线较多，室内外装饰趋向华丽而繁细。宋代的彩画种类，远比明清时代多，而其最高规格的彩画——五彩遍装，透出一种"雕焕之下，

朱紫冉冉"的华贵气氛。在建筑技术上，宋代已经进入成熟期，出现了《营造法式》这样的著作。建筑的结构与造型，成熟而典雅。

到了元代，中国古建筑受到新一轮的外来影响，出现如磨石地面、白琉璃瓦屋顶，及棕毛殿、维吾尔殿等形式。但随之而来的明代，又回到中国古建筑发展的旧有轨道上。明清时代，中国古建筑逐渐走向程式化和规范化，在建筑技术上，对于结构的把握趋于简化，掌握了木材拼接的技术，对砖石结构的运用，也更加普及而纯熟；但在建筑思想上，则趋于停滞，没有太多创新的发展。

中西古建筑差异

在世界建筑文化的宝库中，中国古建筑文化具有十分独特的地位。一方面，中国古建筑文化保持了与西方建筑文化（源于希腊、罗马建筑）相平行的发展；另一方面，中国古建筑有其独树一帜的结构与艺术特征。

世界上大多数建筑都强调建筑单体的体量、造型与空间，追求与世长存的纪念性，而中国古建筑追求以单体建筑组合成的复杂院落，以深宅大院、琼楼玉宇的大组群，创造宏大的建筑空间气势。所以，如梁思成先生的巧妙比喻，"西方建筑有如一幅油画，可以站在一定的距离与角度进行欣赏；而中国古建筑则是一幅中国卷轴，需要随时间的推移慢慢展开，才能逐步看清全貌"。

中国古建筑文化中，以现世的人居住的宫殿、住宅为主流，即使是为神佛建造的道观佛寺，也是将其看作神与佛的住宅。因此，中国古建筑不用骇人的空间与体量，也不追

坚固久远。因为，以住宅为建筑的主流，建筑在平面与空间上，大都以住宅为蓝本，如帝

王的宫殿、佛寺、道观，甚至会馆、书院之类的建筑，都以与住宅十分接近的四合院落的

形式为主。其单体形式、院落组合、结构特征都十分接近，分别只在规模的大小。

中国古代建筑中，除了宫殿、官署、寺庙、住宅外，较少像古代或中世纪西方那样的公

共建筑，如古希腊、罗马的公共浴场、竞技场、图书馆、剧场；或中世纪的市政厅、公共广场，

以及较为晚近的歌剧院、交易所等。这是因为古代中国文化是建立在农业文明基础之上，较

少有对公共生活的追求；而古希腊、罗马、中世纪及文艺复兴以来的欧洲城市，则是典型的

城市文明，倾向于对公共领域建筑空间的创造。这一点也正体现了中国古代建筑文化与希腊、

罗马及西方中世纪建 筑文化的分别。

古建结构特色

古建筑是一门由 大量物质堆叠而成的

艺术。古建筑造型及 空间艺术之基础，在

其内在结构。中国古建的主流部分是木结构。无论是宫殿、宗庙，或陵寝前的祭祀殿

堂，还是散落在名山大川的佛寺、道观，或民间的祠堂、宅舍等，甚至一些高层佛塔及体

量巨大的佛堂，乃至一些桥梁建筑等，都是用纯木结构建造的。

中国传统的木结构，是一种由柱子与梁架结合而成的梁柱结构体系，又分为抬梁式、

穿斗式、干栏式与井干式四种形式，而以抬梁式与穿斗式结构最为多见。

早在秦汉时期的中国，就已经发展了砖石结构的建筑。最初，砖石结构主要用于墓室、

墓前的阙门及城门、桥梁等建筑。南北朝以后出现了大量砖石建造的佛塔建筑。这种佛

塔在宋代以后渐渐发展成"砖心木檐"的砖木混合结构的形式。隋代的赵州大石桥，在结

构与艺术造型上都达到了很高的水平。砖石结构大量应用于城墙、建筑台基等是五代以后

的事情。明代时又出现了许多砖石结构的殿堂建筑——无梁殿。

传统中国古建筑中，还有一种独具特色的结构——生土建筑。生土建筑分版筑式与窑洞式两种，分布在甘肃、陕西、山西、河南的大量窑洞式建筑，至今还具有很强的生命力。生土建筑以其节约能源与建筑材料、不构成环境污染等优势，被现代建筑师归入"生态建筑"的范畴。

三段式建筑造型

传统中国古建筑在单体造型上讲究比例匀称，尺度适宜。以现存较为完整的明清建筑为例，明清官式建筑在造型上为三段式划分：台基、屋身与屋顶。建筑的下部一般为一个砖石的台基，台基之上立柱子与墙，其上覆盖两坡或四坡的反宇式屋顶。一般情况下，屋顶的投影高度与柱、墙的高度比例约在1：1左右。台基的高度则视建筑的等级而有不同变化。

"方圆相涵"的比例

大式建筑中，在柱、墙与屋顶挑檐之间设斗拱，通过斗拱的过渡，使厚重的屋顶与柱、墙之间，产生一种不即不离的效果，从而使屋顶有一种飘逸感。宋代建筑中，十分注意柱子的高度与柱上斗拱高度之间的比例。宋《营造法式》还明确规定"柱高不逾 间之广"也就是说，柱子的高度与开间的宽度大致接近，因而，使柱子与开间形成一个大略的方形，则檐部就位于这个方形的外接圆上，使得屋檐距台基面的高度与柱子的高度之间，处于一种微妙的"方圆相涵"的比例关系。

中国古建筑既重视大的比例关系，也注意建筑的细部处理。如台明、柱础的细部雕饰，额方下的雀替，额方在角柱上向外的出头——霸王拳，都经过细致的雕刻。额方之上布置精致的斗拱。檐部通过飞椽

的巧妙翘曲，使屋顶产生如《诗经》"如翚斯飞"的轻盈感，屋顶正脊　　　两　端

的鸱吻，四角的仙人、走兽雕饰，都使得建筑在匀称的比例中，又

透出一种典雅与精致的效果。

台基

台基分为两大类：普通台基和须弥座台基。普通台基按部位

不同分为正阶踏跺、垂手踏跺和抄手踏跺，由角柱石、柱顶石、　　　垂 带 石、

象眼石、砚窝石等构件组成。须弥座从佛像底座转化而来，　　　意为用须弥

山来做座，象征神圣高贵。须弥座台基立面上的突出特征是　　　有叠涩，从内

向外一层皮一层皮的出跳，有束腰，有莲瓣，有仰、覆莲，　　　再下面还有一个

底座。在重要的建筑如宫殿、坛庙和陵寝，都采用须弥座台　　　基形式。

屋顶

中国古代木构建筑的屋顶类型非常丰富，在形式、等级、造型艺术等方面都有详细的

规定和要求。最基本的屋顶形式有四种：庑殿顶、歇山顶、悬山顶和硬山顶。还有多种杂

式屋顶，如四方攒尖、圆顶、十字脊、勾连塔、工字顶、盝顶、盔顶等，可根据建筑平面

形式的变化而选用，因而形成十分复杂、造型奇特的屋顶组群，如宋代的黄鹤楼和滕王阁

及明清紫禁城角楼等都是优美屋顶造型的代表作。为了突出重点，表示隆重，或者是为

增加园林建筑中的变化，还可以将上述许多屋顶形式做成重檐（二层屋檐或三层屋檐紧

地重叠在一起）。明清故宫的太和殿和乾清宫，便采用了重檐庑殿屋顶以加强帝王的威

感；而天坛祈年殿则采用三重檐圆形屋顶，创造与天接近的艺术气氛。

建筑布局

中国古代建筑具有很高的艺术成就和独特的审美特征。中国古建筑的艺术精粹，尤其体

现在院落与组群的布局上。有别于西方建筑强调单体的体量与造型，中国古建筑的单体变化较小，体量也较适中，但通过这些似乎相近的单体，中国人创造了丰富多变的庭院空间。在一个大的组群中，往往由许多庭院组成，庭院又分主次：主要的庭院规模较大，居于中心位置，次要的庭院规模较小，围绕主庭院布置。建筑的体量，也因其所在的位置而不同，而古代的材分（宋代模数）制度，恰好起到了在一个建筑组群中，协调各个建筑之间体量关系的有机联系。居于中心的重要建筑，用较高等级的材分，尺度也较大；居于四周的附属建筑，用较低等级的材分尺度较小。有了主次的区别，也就有了整体的内在和谐，从而造出"庭院深深深几许"的诗画空间和艺术效果。

色彩与装饰

中国古建筑还十分讲究色彩与装饰。北方官式建筑，尤其是宫殿建筑，在汉白玉台基上，用红墙、红柱，上覆黄琉璃瓦顶，檐下用冷色调的青绿彩画，正好造成红墙与黄瓦之间的过渡，再衬以湛蓝的天空，使建筑物透出一种君临天下的华贵高洁与雍容大度的艺术氛围。而江南建筑的白粉墙、灰瓦顶、赭色的柱子，衬以小池、假山、漏窗、修竹，如小家碧玉一般，别有一番典雅精致的艺术效果。再如中国古建筑的彩画、木雕、琉璃瓦饰、砖雕等，都是独具特色的建筑细部这些细部处理手法，又因不同地区而有各种风格变化。

古建筑哲匠

中国古代建筑以木结构为主，着重榫卯联接，因而追求结构的精巧与装饰的华美。以，有关中国古建筑的记述，十分强调建筑匠师的巧思，所谓"鬼斧神工"、"巧夺天工这些词常被用来描述古代建筑令人惊叹的精妙。

中国古代历史上，有关能工巧匠的记载不绝于史。老百姓最耳熟能详的是鲁班。鲁班几乎成了中国古代匠师的代名词。现存古建筑中，凡是结构精巧、构造奇妙、装饰精美的例子，人们总是传说这是鲁班显灵，巧加点拨的结果。历史上还有不少有关鲁班发明各种木工器具、木人木马等奇妙器械的故事。

见于史书记载的著名哲匠还有很多，如南北朝时期北朝的蒋少游，他仅凭记忆就将南朝华丽的城市与宫殿形式记忆下来，在北朝模仿建造。隋代的宇文凯一手规划隋代大兴城（即唐代长安城）与洛阳城，都是当时世界上最宏大的城市。宋代著名匠师喻皓设计的汴梁开宝寺塔匠心独运。元代的刘秉忠是元大都的规划者；同时代来自尼泊尔的也黑叠尔所设计的妙应寺塔，是现存汉地喇嘛塔中最古老的一例。明代最著名的匠师是蒯祥，曾经参与明代宫殿建筑的营造。另外明代的计成是造园家与造园理论家。他写的《园冶》一书，为我们留下了一部珍贵的古代园林理论著作。与蒯祥相似的是清代的雷发达，他在清初重建北京紫禁城宫殿时崭露头角，此后成为清代皇家御用建筑师。当然还有中国现代著名建筑学家、建筑史学家和建筑教育家梁思成。这些名留青史的建筑哲匠和学者，真正反映了中国古建筑辉煌的一页。

建筑与其他

中国古建筑具有悠久的历史传统和光辉的成就。我国古代的建筑艺术也是美学鉴赏的重要对象，而中国古代建筑的艺术特点是多方面的。比如从文学作品、电影、音乐等中，均可以感受到中国建筑的气势和优美。例如初唐诗人王勃的《滕王阁序》，还有唐代杜牧的《阿房宫赋》、张继的《枫桥夜泊》、刘禹锡的《乌衣巷》，北宋范仲淹的《岳阳楼记》乃至近代诗人卞之琳的《断章》等，都叫人赞叹不绝，让大家从文学中领会中国古建筑的瑰丽。

目录

居住建筑

古村落

之

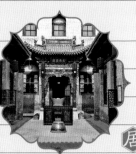

大院

居住建筑 之

居住

中 国 古 建 全 集

建筑

居住建筑是最基本的建筑类型，出现最早，分布最广，数量最多。从原始人群居住洞穴、构木为巢

发展到 商周干栏式木构建筑和夯土建筑的出现，再

到后来 秦汉木构建筑的发展，唐宋成熟，明清程式

化的延 续。在天人合一的宇宙观、物我一体的自然

观、阴阳有序的环境观、社会文化观的影响下形成汉之古拙、唐之雄大、宋之规范、元之自由、明清

建筑形制化的特点，也形成了北国的淳厚、江南的秀丽、蜀中的朴雅、塞外的雄浑、云贵高原的绚丽

多彩等这些地域性的特点。

由于中国各地区的自然环境和人文情况不同，各地居住建筑也显现出多样化的面貌。南北方居住建筑

的差异，主要体现在北方因天气寒冷，建筑多砌砖墙，外观较封闭；南方气候温湿，建筑多开敞。北

方居住建筑因用砖多，故砖雕装饰较为发达；南方则以木雕见长。南方雨水多，必需防漏，屋顶材料

要求高。北方干燥，屋顶材料要求不如南方高。北方坐北朝南的观念较强，注重采光；南方则注重通

风。南方民居均采用较大坡度的屋面，用小青瓦相扣铺就，而北方民居采用平屋面或采用稍平的坡屋

顶，屋面材料有的采用三合土，铺瓦的瓦片厚而大。在外墙用料上，南方民居采用砖砌空

斗墙较多，也有木板围就的，而北方民居则采用三合土筑墙、土坯墙和砖实墙。在建筑风格上，北方

居住建筑多偏于沉稳凝重似男性，南方居住建筑多偏于秀丽轻盈似女性。

匕方居住建筑的代表性实例有北京四合院、平遥晋商大院和黄土高原窑洞等。其中院落较为开阔的四

合院为北方居住建筑院落空间的主要组织模式。南方居住建筑的代表性实例有以木雕精美出名的徽州

民居，与自然地形巧妙结合的湖南民居"吊脚楼"，代表江浙一带水乡情调的苏州民居，强调家族聚

居和安全防卫的福建客家土楼等。南方居住建筑　　　院落组织的一般模式是多

进深的天井院，不同地区则又有不同的装饰特征　　　和建筑细节，固有"南繁

北简"和"南奢北朴"之说。

国还有保存较为完好的　　　古城镇，这些古城镇内均有大量的古代民居。如山

平遥古城、云南丽江古城。　　平遥古城的城　　墙、街道、民居、店铺、

宇等建筑，仍然基本完好，　　　其建筑格局与风貌特色大体

动，是研究中国政治、经济、　　　文化、军事、建筑、艺术等方面历史发展

活标本。还有始建于南方的丽江古城是融合纳西民族传统建筑及外来建筑特色的唯一城镇。

书居住建筑分为三本，涵盖民居、古村落、大院、古城镇、寨五大分类。每一分类均以南北区域具

表性的居住建筑作详细的介绍。

古村落

古村落是指民国以前建[成的]村，保留了较大的历史[沿革]，即建筑环境、建[筑风貌、村落选址未[有]大的变动，具有独特的民俗民风，虽经历久远年代，但至今仍为人们服务的村落。

作为居住建筑形态之一，古村落的形成也有其内在的原因。概括地说，有经济因素、政治因素、思想信仰因素、商贸因素、军事因素等。自宋代理学家提[倡]宗族制度以来，为了加强宗族内部的凝聚力，以抵抗天灾及社会的压力，所[以]村中居民多为同姓同族聚居在一起，形成以姓氏命名的村居住点。聚族而居[的]村落，宗法制度上较为完备，祠堂、书院、牌坊等建筑设施相对较多。

从区域方面来说，族居现象南方胜于北方，这与历史上北方战乱多于南方，[导]致村落凋敝，各方移民重新建村有关。同时，南北方区[域村落选址也有[不]同。北方干旱少雨，农作物为旱田作物，村落选址需要有汲取饮用水的水井；北方多平原地形，村落的巷道皆比较宽阔。南方天热雨多、多种水稻，多选河滨小溪道傍居住；南方地形复杂，层山叠嶂，巷道皆很狭窄，建筑密度极高。

章节古村落介绍主要以南方区域为主，最具代表性的是皖南古村落和婺源古村落。

南古村落是指安徽省长江以南山区地域范围内，以宏村为代表的古村落，具

强烈的徽州文化特色。皖南古村落民居在基本定式的基础上，采用不同的装

手法，建小庭院、开凿水池、安置漏窗、巧设盆景、雕梁画栋、题兰名匾额、

造优雅的生活环境，均体现了当地居民极高的文化素质和艺术修养。建筑结

多为多进院落式（小型者多为三合院式），一般坐北朝南，倚山面水。布局以

轴线对称分列，面阔三间，中为厅堂，两侧为室，厅堂前方称"天井"，采光

风，亦有"四水归堂"的吉祥寓意。皖南古村落选址、建设遵循的是有着 2000

年历史的周易相关理论，强调"天人合一"的理想境界和对自然环境的充分尊重。

西婺源古村落被国内外誉为"中国最美丽的农村"。婺源古村落的建筑，是当

中国古建筑保存最多、最完好的地方之一。古村落的民居建筑群，依山而建，

面河而立，户连户，屋连屋，鳞次栉比，灰瓦叠

叠，白墙　片片，黑白相间，布局紧凑

而典雅。婺源民居中的"三

雕"（石雕、木雕、砖雕）

是中国古建筑中的典范，不

仅用材考究，做工精美，而且风

格独特，造型典雅，有着深厚的文化底蕴。

安徽黟县宏村

何事就此卜邻居
月沼南湖画不如
浣汲何妨汐路远
家家门巷有清泉

宏村

皖南众多风格独特的徽派民居村落中，宏村是最具代表性的。从整个外观上说，宏村是古黟桃花源里一座奇特的牛形古村落，既有山林野趣，又有水乡风貌，素有"中国画里的乡村"之美誉。村中各户皆有水道相连，汩汩清泉从各户潺潺流过，层楼叠院与湖光山色交辉相映，处处是景，步步入画。

历史文化背景

宏村位于徽州六县之一的黟县东北部，始建于南宋绍熙年间（1190-1194年），原为汪姓百姓聚居之地，绵延至今已有900余年，被誉为"中国画里的乡村"。宏村最早称为"弘村"，据《汪氏族谱》记载，当时因"扩而成太乙象，故而美曰弘村"，清乾隆年间更名为宏村。

整个村子依山伴水而建，村后以青山为屏障，地势高峻，可挡北面来风，既无山洪暴发冲击之危机，又有仰视山色泉声之乐。900年前的建村者便有"先建水系后依水系而建村"的前瞻，所以使它有了水一样的灵性，这也正是它比其他徽派建筑的村落更具魅力的原因。

全村现完好保存明清民居140余幢，特色景观有：南湖春晓，书院诵读，月沼风荷，牛肠水圳，双溪映碧，亭前古树，雷岗夕照等。树人堂、桃源居、敬修堂、德义堂、碧园等一大批独具匠心、精雕细作的明清古民居今保存完美。

建筑布局："牛形村落"

明永乐年间，宏村七十六世祖请相关人员对宏村进行查审，认为宏村的地理像一头卧牛，须按照"牛形村落"进行规划和开发。

首先利用村中一天然泉水，扩掘成半月形的月塘，作为"牛胃"；在村西吉阳河上横筑一座石坝，用石块砌成有60厘米宽、400余米长的水圳，引西流之水入村庄，南转东出，绕着一幢幢古老的楼舍，并贯穿"牛胃"，这就是"牛肠"，沿途建有踏石，供浣衣、灌园之用。"牛肠"两旁是民居，里面有栽种着花木果树的庭院和砖石雕镂的漏窗矮墙，曲折通幽的水榭长廊，小巧玲珑的盆景假山。弯弯曲曲的"牛肠"，穿庭入院，长年流水不腐。

然后在村西虞山溪上架四座木桥，作为"牛脚"，从而形成"山为牛头，树为角，屋为牛身，桥为脚"的牛形村落。后来，又有人认为，根据牛有两个胃才能"反刍"的说法，月塘作为"内阳水"，还需与一"外阳水"相合，村庄才能真正发达。明朝万历年间，又将村南百亩良田掘成南湖，作为另一个"牛胃"，至此历时130余年的宏村"牛形村落"设计与建造告成。

宏村古民居，以正街为中心，层楼叠院，街巷婉蜒曲折，路面用一色青石板铺成。两旁民居大多为二进单元，前有庭院，辟有鱼池、花园，池畔多设有栏杆，"牛肠"水

润得游鱼肥壮，花木浓香馥郁。马头墙层层跌落，额枋、雀替、斗拱上的木雕姿态各异，形象生动。

建筑设计特色

宏村是一座经过严谨规划的古村落，其选址、布局，以及呈现出来的美景都和水有着直接的关系。村内外人工水系的规划设计相当精致巧妙，是人文景观、自然景观相得益彰，世界上少有的古代有详细规划的村落，被中外建筑专家称为"中国传统的一颗明珠"、"研究中国古代水利史的活教材"，堪称中国古代村落建筑艺术一绝。

【史海拾贝】

宏村中的月沼，老百姓称月塘，就是所谓的"牛胃"。据说开挖月塘时，很多人主张挖成一个圆月型，而当时七十六世祖的妻子重娘却坚决不同意。她认为"花开则落，月盈则亏"，只能挖成半月形。在她的坚持下，最终月塘成为"半个月亮爬上来"。

【水圳】

　　宏村的水圳建于明永乐年间（1403~1423年），至今已有600多年历史，总长1 200多米，绕过家家户户，长年清水不断。水圳丰富了村落景观，和谐、多变、富有灵气，不仅创造出一种"浣汲何防溪路远，家家门巷有清泉"的良好环境，还有6大功能：一是防火；二是调节小气候，改善气温和湿度，净化空气、美化环境；三是饮用；四是洗涤；五是灌溉；六是发电。

　　水圳沿途建有无数个小渠踏石，人们浣衣洗涤、浇花灌园都极为方便，是古代村落的"自来水"。当年村民饮用、浣洗都在"牛肠"里，汪氏祖先曾立下规矩，每天早上8点之前，"牛肠"里的水为饮用之水，过了8点之后，村民才能在这里洗涤。更为奇妙的是，"牛肠"的水位，无论天晴下雨，总保持在一定的高度，即水位总是低于小桥以下一点，不多不少，十分奇特。

江西安义县古村落群

建功桑梓
义成还羡关武穆
垂范子孙
名立尤钦陶朱公

古村
安义

最有神秘风采、最有古郡风韵、最有田园风光、最有乡村风貌的安义古村落群，由京台、罗田和水南三大古村落组成，古建民居规模宏大、保存完整、雕饰精美、文化内涵厚重，体现了古代赣文化和赣商文化的完美结合。

历史文化背景

　　安义古村落群位于南昌市郊西山梅岭脚下，地势东高西低，由罗田村、水南村和京台村三大古村落构成。三座古村落呈鼎足之势，村间有长寿大道、祈福古道和丰禄大道（简称"福、禄、寿"三星），道路相互连通，各自相距仅一里之遥。三大村落既是独立的，又是一个有机整体。

　　罗田村至今已有1 200年的历史。该村均为黄姓，传为祝融帝后裔，为避战乱，于晚唐广明年间由湖北蕲州迁徙至此。民谣有云："小小安义县，大大罗田黄。"足见罗田黄家名声之大。该村乃当年香客赴西山万寿宫朝拜许真君的必经之地，当时商贾云集，称一时之盛。

　　水南村距罗田村仅400多米远，两村一田相隔，鸡犬相闻。水南村为古罗田村黄氏分支后裔，明初洪武七年（1369年）其祖一能公在此开新基拓新村，至今保存有明清时代古建筑20余幢，这些古屋保存完好、规模宏大，建筑精美，尤其是建筑雕刻工艺精湛、寓意深远，是古代赣商文化的典型代京台村至今已有1 400年历史，与罗田、水南两村相比，京台村不仅历史最悠久，而且不是一脉相承的单姓家族村落。该村有刘、李两大姓，刘姓村民，为汉代学者刘向后裔，初唐武德元年迁居此地。明初洪武年间，李氏之祖则由朝廷授封而落户于此。进村便是一门坊，上书："汉唐流馨"，意为刘、李两姓在这里和睦相处，幸福繁衍。

安义古村落群中保存完好的明清古宅有100多栋，有一条五里多长的古街，商贾云集。村中私宅犹如迷宫，墨庄书香四溢，戏台古韵犹存，古樟遮天蔽日，以"最具神秘色彩、最有田园风光、最有古郡风韵、最有乡村风貌"的"四最"特点，荣获中国历史文化名村称号。安义古村也是全国农业旅游示范点、江西十大最美乡村之一。2010年，安义古村被评定为国家3A级风景名胜区。

建筑布局

安义古村群由罗田、水南、京台三大古村落组成，三村相距500米，呈品字排列。这里存完好的明清古村落群和古代里甲建筑体系为全国所罕见，具有鲜明的特色：

一是布局基本上以天井、堂厅为中心组织厢房，民居外墙下部勒脚为青石砌筑，上部为厚的清水 砖墙，檐下白粉条墙隔开墙体与屋顶，屋面有小青瓦覆盖，马头墙和砖木石雕装 饰门罩和窗楣。

二是民居高低错落有致，且沿青石板道路延续而建，并注意将民居与山水、绿化环境融为一体，使村落形成一个参差有序的生态群体。

三是巧妙地对室内外空间和室内过渡空间充分地进行美化利用。

民居设计在布局上一般为三开间，中间为较宽的堂厅，两边为厢房、卧室。层数多为两层，楼下高楼上低，民居周围采用砖墙承重，堂厅和厢房之间则采用木柱承重，木立柱一般上下对齐，但在楼上也在木梁上加设不对齐的短柱，以满足支承坡屋顶木檩条的需要。民居进深大小不等，以堂厅来分，一般设一至四堂，由于明清民居很少在墙体尤其是正面墙体开窗，堂厅和厢房的采光通风全靠天井，所以每进堂厅均设有天井。

建筑设计特色

千年安义古村群，远离尘嚣，许多古建民居至今保存完好，如古村石牌坊、古村古井、水槽、古戏台、砖石大门、四十八天井古屋等。

罗田村的古街、麻石板道、古车辙清晰可见，整个村庄至今保留着完整的地下排水系统，民居古建、砖雕、石刻、木雕构件古朴而精美。该村有"长寿村"之誉。唐代所种的黄樟树仍生机盎然，"寿康"方井泉水甘冽，驻足古村，不禁引发游人思古之幽情。

京台村巷道上耸立着高大的石牌坊，这是刘姓后人为纪念他们的祖先刘向所建，匾额上的"绩绍中垒"提示着刘向曾担任过的显赫职务——中垒大夫。刘氏宗祠左右栅栏门上绘太极图，两扇大门分别彩绘关羽、张飞像，门前有高大的旗杆石。京台村还有一座古戏台现在在村中的小学处，它以典雅的艺术造型、精致的斗拱藻井和巧妙的音箱设置享有"南方第一古戏台"之美称。屋顶上耸立着一个插着三支戟的彩瓶，寓意为平平安安、连升三级。

【史海拾贝】

　　世大夫第的主人黄秀文，字趣园，幼年丧父，14岁赴吴城中介行做学徒，后独立创业，逐渐发家，成为富甲南康的名商巨贾。有一年，黄秀文结识一个胡椒商，这年胡椒价格只降不升，胡椒商心中焦虑，加之因故要回老家看黄秀文厚道能干，便将胡椒转给他代为售出。后来，胡椒价格猛涨，胡秀文适时全部卖出，赚了大笔银子，然后写信告知胡椒商来取。不料，胡椒商已经因病去世。胡秀文不知，坚持写信三年后，胡椒商之子才来告知此事。默悼之后，秀文坚决把钱给胡椒之子。胡椒商之子通过接触，觉得秀文的确厚道，也是他今后生意场中值得依赖的朋友。于是他将这笔银钱重新装船运回吴城，存入钱庄，存单上写上黄秀文的名字，并拜托钱庄老板，待他离开吴城后再把银票送到秀文手里。黄秀文接到这笔银钱，再想送回已不可能，非常感慨，就更加勤谨地做生意。他与胡椒商的交往也成了吴城生意场上的佳话。黄秀文除了赡养母亲和伯父之外，用这笔银钱给自己造一幢大宅，超过村中所有大宅的规模，这幢房子一建就建了30年，进来做木工、石工的小徒弟出去一个个都成了师傅。秀文还用钱给自己捐了个官，敕命到时，他就把自己的大宅命名为"世大夫第"。

【曦庐】

京台村主体建筑——曦庐，散发着浓郁的书香气息，为典型的赣派风格明清建筑，恢宏壮观。三重进五重进主体、
天井、厅堂纵横、石刻门楣、雕镂门窗，无不让人赞叹古村当时高超的建筑水平和精湛的雕刻技艺。

【世大夫第】

罗田古屋群中规模最庞大、气势最恢宏的便是俗称为"罗田四十八个天井"的"世大夫第"。世大夫第是在吴城经商的黄秀文于乾隆年间建造的,距今250多年。世大夫第的主体建筑为三重进,有四堂,由前而后分别为前堂、过堂、中堂、后堂。每堂都有堂巷与两侧的同类建筑(同样三重进却规模略小)相通。中间还配有偏房、耳房、库房、厨房、碓米房和下人用房;后堂的后门还通向后花园、饲养场、晒场,整个私宅功能齐全,应有尽有。

水南村现存古屋规模宏大,装修考究,雕饰精美,栩栩如生。其中,张勋"辫帅"打工时所出入的古村古屋、黄氏宗祠、水南民俗馆等特色古民居使人流连忘返。

【黄氏宗祠】

黄氏祠堂属于家庭祠堂，祠堂建筑占地面积很大，面阔15.6米，进深44.5米，计694平方米。整个祠堂为二重半进深，内设2个特大天井。八字门头，进入大门的第一个天井内原有两棵树，左为梅花树（今毁）、右为桂花树（今枝繁叶茂）。宗祠里的余庆堂内有座闺秀楼，又称"跑马楼"，由堂楼和廊楼组合而成为一整体，围绕着天井这片光源，在二楼四周设立回廊，回廊三面有凭眺栏杆，另一面则是堂楼花窗。

京台村巷道上矗立着高大的石牌坊，这是刘姓后人为纪念他们的祖先刘向所建，匾额上的"绩绍中垒"提示着刘向曾担任过的显赫职务——中垒大夫。刘氏宗祠左右栅栏门上绘有太极图，两扇大门分别彩绘关羽、张飞像，门前有高大的旗杆石。京台村还有一座古戏台，现在在村中的小里面，它以典雅的艺术造型、精致的斗拱藻井和巧妙的音箱设置享有"南国第一古戏台"之美称。屋顶上耸立着一个插着三支戟的彩瓶，寓意为平平安安、连升三级。

江西婺源县思溪延村

古树高低屋
斜阳远近山
林梢烟似带
村外水如环

思溪村和延村是两个相隔仅500米的村子，人们习惯称之为"思溪延村"。两个村子处于山水怀抱之间，背倚火把山，清溪河流经两村前，整个村落犹如一竹排依偎在思溪河畔。村内较完整地保存着明清古建筑，线条生动、布局巧妙。黑瓦白墙，飞檐翘角的屋宇随着山形地势高低错落，层叠有序，蔚为壮观。

历史文化背景

思溪延村位于江西省婺源县思口镇境内，距县城紫阳镇约13千米左右。两村临近相距仅500米。思溪延村被称为中国最美乡村——婺源的"儒商第一村"。

思溪村始建于南宋庆元五年（1199年），至今已有800余年历史，有古民居156幢，其中明代建筑5幢，清代建筑80余幢，现存古建筑占地面积约为16 000平方米，当年建村者俞氏以（鱼）思念清溪水而取村名。

延村始建于北宋元丰年间（1078-10□□年），比思溪建村早百年，最□在这里聚居的是查、吴、程、吕四姓居民，到了明朝正德年间（1506-1521年），现在大约占全村人口80%的金姓才从婺源北乡沱川迁入。延村原称"延川"，因为村落面临川流不息的溪，乡民以期后代子孙绵延世而得名，后来延川才慢慢被人们俗称为"延村"。村内至今较为完整地保存着56幢清代商人建造

古民居，被誉为"清代商宅群"。

思溪延村自宋朝建村几百年来，当地村民们在江西、浙江、上海乃

至湖南广西等地经商，主要从事木材、茶叶、盐业等商业活动，致富的

人们又纷纷把银子携回故里买田置房、兴建书院，创建了大批府第楼阁、

祠堂碑坊等，以此来光宗耀祖。

1987 年福建电视台曾选择思溪延村拍摄电视连续剧《聊斋》。

2003 年 7 月延村被江西省人民政府命名为"历史文化名村"，是江西省古建筑的重点保

护村。

筑布局

思溪延村山拥水绕、线条生动、布局巧妙。黑瓦白墙，飞檐翘角的屋宇随着山形地势高

低错落，层叠有序，蔚为壮观。建筑规划严整，排序井然，依山傍水，翠微缭绕充满自然美。

建筑内部布局多分前厅、后堂、厨房等，前后均有浅天井。堂屋内三间两厢、方柱石础、格

扇门窗、青石板铺地。屋内梁枋、雀替、护净窗、门窗等处雕刻的龙凤麒麟、松鹤柏鹿、水

榭楼台、人物戏文、飞禽走兽、兰草花卉等图案的寓意深刻，不仅显示出精湛的工艺，而且

蕴藏古文化的神韵。

建筑设计特色

思溪延村的建筑以明清古建筑为主，村落内以青石板铺地

两村背山面水，嵌于锦峰绣岭、清溪碧河的自然风光之中，房屋群落与自然环境巧妙结合，山水互为点缀，村庄与秀水青山的优雅自然风光融为一体。古民居大多粉墙黛瓦，整体色彩效果是黑白相间，给人朴素淡雅的美感。

从远处看这些古民居，在外观上是大面积空白的一片粉墙，粉墙上嵌有几个高低有序的小小洞窗，形成整体与局部、面与点的对比效果，体现"道法自然"的意蕴。里外墙着重采用了马头墙、山墙的建筑造型，尤其是马头墙屋檐角飞翘，在蔚蓝的天际勾画出民居墙头与天空的轮廓线，增加了空间的层次和韵律美。这些民居建筑的显著特点是屋里都有天井，商业文化在天井建筑中得到完美体现。

村中保存完好的清代商家住宅有"振源堂"、"裕堂"、"承德堂"、"孝友兼隆厅"、"庆余堂"等三雕（砖雕、石雕、木雕）工艺精湛，充分体现了派民居的建筑特色。这里所存的清代"银库"屋世现已少见；"敬序堂"花厅，一派古色古香品茶对弈、吟诗作画理想之地；俞氏客馆格扇门，阳刻96个不同字体的"寿"字组成的"百寿图"，堪称"木雕精品"；村口明代"通济桥"和"如来佛柱"，是古时村落水口组合建筑的子遗。

【史海拾贝】

余庆堂的整个门面为什么是个"商"字？余庆堂古屋建于清代乾隆年间，房屋老主人金文谏是个大茶商，在封建社会，商人富而不贵，"士农工商"商人地位最低。所以其住宅不能建得像官邸王府那样宏大和豪华，而且朝庭还规定，商家大门不能朝正南开。余庆堂的主人则略显"离经叛道"，不以做商人为耻，反以经商为荣，故意将自己的门面设计成"商"字以示众人。余庆堂的门罩门楼组成"商"字的上部，青石门枋，是个"口"字，门枋外砌着青砖，形成"门"字。而且，商宅注重财运，处处体现着商人对财富的渴望。

居住建筑

江西婺源县
汪口村

鸟语鸡鸣传境外
水光山色入阁中
文风鼎盛出人才
古街老巷一老翁

汪口村

汪口村枕高山、面流水，至今仍保留明清时代的建筑特色和风格。"山—水—市—居"的村落布局形态、独特的建筑风格、高超的建筑技艺、极高的文化品位，使汪口古村落成为中国古代民间建筑杰作的博览园。清一色的徽派建筑，统一规整，墙连瓦望，蔚为壮观。布局上表现为规整灵活；外部表现为粉墙黛瓦、飞檐戗角；内部表现为四水归堂，木质构架；装饰上则表现为"三雕"精美。

历史文化背景

汪口村位于江西省婺源县东部江湾镇，由宋朝议大夫（正三品）俞杲于大观年间始建，距今有 900 余年历史。因村前有一汪碧水，故名"汪口"，始迁期望后裔如水绵长，又名"永川"。历史上被称为"千烟之地"的汪口，如今有 500 来户，1 700 多人口，大部分的住房仍保留明清时代的特色和风格。

据《永川俞氏宗谱载》俞杲于宋大观年（1109 年），由附近陈平坞迁到今汪口后的郑婆坞，再由郑婆坞逐渐向河边扩展。从此，汪口人在这里耕读并举，儒商结合，繁衍生息。

1263-1380 年前后，汪口村人口剧增，氏祖先励精图治，逐步兴建一批民居，使汪口村初具规模。1375 年前后，明代官府还在汪口设立了第一个行政机构——用于投递公文的汪口驿铺。

1405-1687 年，汪口的先人"亦儒亦商跻身于徽商行列。当时汪口木业和茶业商人生意如日中天，他们苦心经营，财富迅速积累，一批官邸、商宅、祠堂、牌坊逐步兴建。随后汪口村的中心渐渐东移。

乾隆盛世，汪口村又进入了一个鼎盛时期。俞氏宗祠、平渡堰、一经堂、懋德堂、四世大夫第、四宜轩、养源书屋、存与斋书院、柱史坊和同榜坊等著名建筑，都在此后的 160 年里相继建成。

咸丰 10 年（1851 年），汪口村经历了太平天国的战火，民居被焚过半。清末至民国期间，内忧外患，徽商衰落，封建宗法制度解体，汪口村的发展受挫、衰落。

1949 年划归江西管辖后，加上历次政治运动，对这个古村落的继承、保护、发展产生了一定影响。近几年来，婺源县政府加大了古村落的保护力度，婺源县人大常委会还于 1998 年通过了《婺源县文物管理办法》等地方性法规。目前，婺源有许多古村落保存相当完整，汪口村尤为突出。

汪口村现已建成集古文化、生态及休闲旅游于一体的旅游景点，使全村从单一的经济结构走向集旅游、加工、商贸等多产业共同发展的多元化模式，先后被评为："中国民俗文化村"、"省级历史文化名村"、"中国历史文化名村"。

建筑布局

汪口村前低后高，枕高山，面流水，沿溪流由东向西延伸，逶迤展开。村前隔河的"向山"如一扇绿屏，气势壮观，使汪口村发展形成了"山—水—市—居"的村落布局形态。

整体村落空间的布局近似网形，以一条官路正街做"纲"，十八条直通溪埠码头的主巷道连着错落有致、纵横发展的小巷，将民居织成一个个"目"。村中东西向的主街道——官路正街，全长670米，青石板铺地，商铺夹道。虽然明洪武年间以后，朝廷对民间建筑有严格的"三间"等级限制，但汪口古村落的建筑型制仍相当丰富。布局上除规定的正屋并排三间以外，又视功能需要在正屋的前后左右建庭院、书斋、厨房、作坊、花园、牲畜圈栏等余屋；子孙繁衍，不足以居，就以回廊三间的型制往后扩建。如该村"慎知堂"就有三进六堂14个大小天井、2个塾馆及1个前院加1个花园。

建筑设计特色

独特的建筑风格、高超的建筑技艺、　　　　极高的文化品　位，使汪口古村落为中国古代民间建筑杰作的博览园。　　　　汪口古村落清　一色的徽派建筑，统一规整，墙连瓦望，　　　　　　　　蔚为壮观。外部现为粉　　　　　　　　　　　　　墙黛瓦、飞檐戗角，　　　　　　　　　　　内部表现为四水归堂，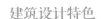　　　　　　　　质构架；装饰上表现为"三雕"

精　　　　　　　　美；布局上表现为规整灵活。

　　　　　　　　　　汪口村每幢古建筑都取有雅致的堂名，反映主人的志向、愿。室内家具装饰典雅清幽，八仙桌、太师椅、压画桌、时钟、东瓶、西镜、书案、茶几无不散发书香气息。屋内柱子和板壁上挂有楹联、字画，摆设古董橱、架，体现出"书乡人家的情趣。

【史海拾贝】

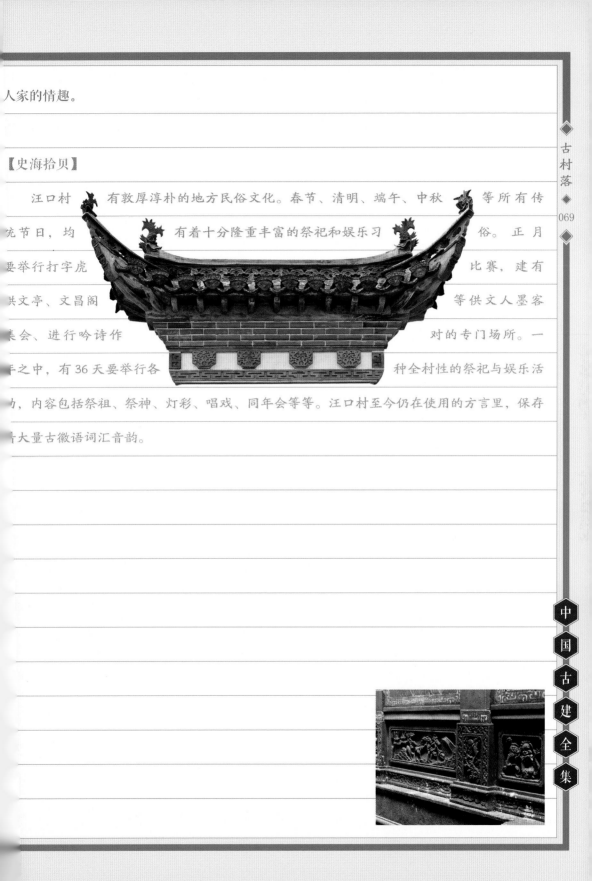

汪口村　　　有敦厚淳朴的地方民俗文化。春节、清明、端午、中秋　　等所有传

统节日，均　　　　有着十分隆重丰富的祭祀和娱乐习　　　俗。正月

要举行打字虎　　　　　　　　　　　　　　比赛，建有

共文亭、文昌阁　　　　　　　　　　等供文人墨客

集会、进行吟诗作　　　　　　　对的专门场所。一

年之中，有 36 天要举行各　　　　　种全村性的祭祀与娱乐活

动，内容包括祭祖、祭神、灯彩、唱戏、同年会等等。汪口村至今仍在使用的方言里，保存

着大量古徽语词汇音韵。

【一经堂】

  坐落在李家巷中段的一经堂，其主人俞念曾是清乾隆二年（1737年）州同知（五品）。厅堂的名字来原于"人遗子，金满籝，吾教子，惟一经"的古训。一经堂占地面积为150平方米，三间两厢。其特点是：石库门枋的门面砖雕、石雕简朴，而室内的梁、门、槛、户净窗等部件的木雕则精雕细刻保存完好。而且其天斗还有非常讲究的排水系统。

江西婺源县
理坑村

红鲤迢迢出帝乡
诸多名宦世流芳
游人驻足因何事
古宅犹存翰墨香

理坑村

婺源理坑是中国历史文化名村，是唯一申报世界文化遗产的古村落。整个村落位于一条呈袋形的山谷中段，理源水沿着这条峡谷缓缓流经村前。村里的古建筑粉墙黛瓦、飞檐戗角、"三雕"工艺精湛，布局科学、合理，冬暖夏凉，可以说是生态文明的绿宝石，是建筑艺术的博览园。

历史文化背景

理坑村，原名理源，因位于沱水源头三小溪之一的理源溪畔而得名，取"理学渊源之意，又因当地"溪"亦叫"坑"，故俗称"理坑"。村落位于婺源县北部边陲，距婺源县城 56 千米。

理坑村建村于北宋末年，是一个余姓聚族而居的古村落，村落位于深山，气温常年偏低，四季云雾缭绕，雨量充沛。全村现有300 余户，人口 1 168 人，余姓占 90% 以上，外出务工有 300 人左右。有耕地 60 多公顷，茶地 40 多公顷，主要分布在理源水两侧。目前已有全国 300 多所美术院校在此挂牌写生，成为国内知名的大学生美术写生实习基地。

理坑村自古被誉为"书乡"，村人好学成风，崇尚"读朱子之书，秉朱子之教，朱子之礼"，被文人学士尊为"理学渊源"。几百年来，这个偏僻山村经科举而外出为官者众多，先后出过吏部尚书余懋衡，工部尚书余懋学，大理寺正卿余启元，司马余维枢，知府余自怡等，经科举中进士 16 人，七品以上官员 36 人，文人学士 92 人，著作达邻 582 卷之多，其中 5 部 78 卷被收入《四库全书》。

理坑村凭借深厚的文化底蕴，完整的古建筑，先后赢得了多项殊荣：

003 年 7 月，理坑村被江西省人民政府命名为首批"省级历史文化名村"；

005 年 11 月，理坑村被建设部、国家文物局命名为"国家历史文化名村"；

006 年 5 月被定为全国重点文物保护单位，全国百个民俗文化村之一；2006 年 12 月， 理 坑

ﾠ以"皖南村落"扩展项目入围《中国世界文化遗产预备名单》；2007 年被评为全国首批"景

观村落"；2009 年 7 月被评为"国家级历史文化名村"；还被誉为"中国明清官邸、民宅最

集中的典型古建村落"。

建筑布局

ﾠﾠﾠﾠﾠﾠ整个理

ﾠ村位于　　　　　　　　　　　　　　　　　　　　　　　　　　　　　　　　　　　一

ﾠ长约

000 米的呈袋形的山谷中段，村子所在的地方虽然最宽，但也不到 300 米，而理源水就沿着

条峡谷缓缓流经村前。

理坑街道格局规整，与周边山水的融合比其他村落更胜高一筹。无论从水口的廊桥、村

的如同手臂的小山，还是背后的靠山以及在远方的高山都让人感到这里是一片宝地。山水

绕的格局使得理坑不会遭受太多的外来冲击，保护较为完整。

村口有一座理源桥，桥面上建有亭子，桥亭合一，为长方形封檐建筑，出入村子必须穿

而过。进村的巷门上方题有"渊停岳峙"四个大字。巷里有明代崇祯年间广州知府余自怡

"官厅"。

官厅是典型的明代风格建筑，简朴庄重，围绕长方形天井的四合院，属木结构封闭砖墙

围护建筑。官厅规模阔大，它的天井是理坑村最大的，室内光线好，通风好。官厅第二进比第一进地势高出两步，以显正厅的威严。正厅前沿由三块巨石铺成。正屋大门里面有三进三天井，右边设有客馆，两厢卷棚下有狮共撑，前进后堂三间两厢，明间横枋深雕；后进还有三间两厢深半天井。据说，理坑官邸正屋大门一律朝北，体现了仕宦们对"皇恩浩荡"的崇敬和崇扬忠孝节悌的一番苦心。

建筑设计特色

婺源理坑古建筑粉墙黛瓦、飞檐戗角、"三雕"工艺精湛，布局科学、合理、冬暖夏凉，是生态文明的绿宝石，是建筑艺术的博览园。至今仍保存完好的古建筑如明代崇祯年间广州知府余自怡的"官厅"，它在设计上使用了大量精细的雕刻和装饰图案，它的上堂有横梁三根，两端雕刻月牙，雀替深雕灵芝纹，两厢卷棚下有雕狮拱撑；拱枋两边，一边的图案是马、鹤、鹿，代表福禄寿，一边是双麒麟，以示吉祥。此外还有明代天启年间吏部尚书余懋衡的"天官上卿"，明代万历年间户部右侍郎、工部尚书余懋学的"尚书第"，清代顺治年间司马余维枢的"司马第"，清代道光年间茶商余显辉的"诒裕堂"，还有花园式的"云溪别墅"，园林式建筑"花厅"，颇具传奇色彩的"金家井"等多个古建筑。

【史海拾贝】

余懋衡，理坑村人，明万历二十年进士，历任河南道守、大理寺右侍丞、大理寺左少卿、南京吏部尚书等职。一生为官清正，敢于与贪官奸臣抗争。在他告老还乡的时候皇帝念其"代天巡狩"有功，特地从御池选出数尾红鲤鱼作为赏赐。我们今天吃到的有名的婺源菜——"荷包红鲤鱼"就是从这个典故中得来的。

【婺源三雕】 砖雕、木雕、石雕被称为婺源三雕，是江西省婺源县传统的汉族雕刻艺术。清代的婺源木雕，尤其细腻繁复，多用深浮雕和圆雕，提倡镂空效果，有的镂空层次多达十余层，玲珑剔透，错落有致，层次分明，栩栩如生，显示了雕刻工匠高超的艺术水平。明万历二十四年（1596年），户部侍郎、工部尚书余懋学兴建于的"尚书第"建筑上的装饰可视为"婺源三雕"最初的实例。其后，明代吏部尚书余懋衡也于天启六年（1626年）在理坑兴建了"上官卿第"。清顺治十六年（1659年）余维枢兴建"司马第"，标志着"婺源三雕"进入全新的发展阶段。

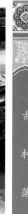

居
住
建
筑

江西婺源县
江湾古村

婺源自古文鼎盛
书乡儒学孔孟礼
自然生态物产丰
红绿黑白江湾梨

江湾古村

婺源江湾，为中国最美乡村——婺源的一颗璀璨明珠，有很多保存完好的古建筑，处处透析着古徽州文化的神韵。江湾古镇地处三山环抱的河谷地带，东有灵山，南有攸山，北有后龙山，一条梨园河由东而西，呈S形从三山谷地中穿行，山水交融，给江湾平添了许多灵气。建筑布局独具特色，一街六巷，纵横交错，新旧有序，千年延展，不乱方阵。且每条巷道各有个性，不见雷同，古朴优雅，自成一景。

历史文化背景

江湾建村于唐朝初年，滕、叶、鲍、戴等姓人家在江湾的河湾处聚居，逐步形成了一个较大规模的村落。江湾的江姓是西汉开国宰相萧何的后裔，唐末僖宗宰相萧遘因"朱温篡唐"蒙难，其子萧祯隐居安徽歙县篁墩"指江为姓"，北宋神宗元丰二年（1079 年），萧江第八世祖萧江始迁江湾，子孙繁衍成巨族。

自唐以来，江湾便是婺源通往皖浙赣省的水陆交通要塞，成为婺源东大门。这山水环绕，风光旖旎，物产丰富，文风鼎盛，绿茶、雪梨久负盛名。还孕育出了明代隆年间户部侍郎江一麟，清代经学家、音韵家江永，清末著名教育家、佛学家江谦等大批学士名流。村人著述多达88种，任品以上仕宦者有25人，是当之无愧的婺源"书乡"代表。村中至今还较完好地保存着三堂、敦崇堂、培心堂等古老的徽派建筑，有东和门、水坝井等公共建筑物，极具历价值和观赏价值。

建筑布局

江湾古镇地处三山环抱的河谷地带，嵌于锦峰绣岭、清溪碧河之中。东有灵山，南有攸山，北有后龙山，一条梨园河由东而西，呈S形从三山谷地中穿行，山水交融，给江湾平添了许多灵气。

江湾的建筑布局独具特色，一街六巷，纵横交错，新旧有序，千年延展，不乱方阵。且每条巷道各有个性，不见雷同，古朴优雅，自成一景。从后龙山俯瞰，正中部位的巷道，竟构成一个硕大的"安"字。江湾的老街还保持着明清时期的风韵，街面依旧那么窄，几幢老店铺，如培心堂、饮苏堂、日生堂，店门仍是一块块拼成的木板排门，店里的老柜台、老货架，外墙古老的封火墙都是旧时的模样。徉其中，仿佛穿行于时间隧道，仍感受到一些古江湾明清时期的商业气。

筑设计特色

江湾有很多保存完好的古建筑，清同治年间户部主事江桂高的敦崇堂、清末明初教育家、学家江谦的三省堂、古私塾德庆堂、富商江仁庆古宅、"一府六院"遗址，还有许多古井、亭、古桥，处处透露着古徽州文化的神韵。特别是清代徽商建筑培心堂，具有徽州民居典型的三开多进制特征：前进店面，中间住宅，后进厨房。

【史海拾贝】

　　江湾人引以为骄傲的地方是后龙山，他们把本族的人丁兴旺、英贤辈出归功于后龙山的龙脉好，这种观念自然不足为信，但江湾人在此观念的作用下，创造了一个封山育林、保护生态的典范。

自古以来，江湾人不准任何人动后龙山上一草一木，古有"杀子封山"的典故。"杀子封山"，说的是十八世祖江绍武治理江湾铁面无私，他儿子违规到后龙山砍柴，被护林人捉住，为杀一儆百，他将儿子帮起游街示众，并将其处死。从此以后数百年间再没有人敢上后龙山砍柴。后龙山的植被由此保护得十分完好。如今走进后龙山，就如同走进了原始森林，满山古木，遮天蔽日，给依山而建的江湾古村增添了不少神韵。

【特色民居】 在江湾村内还保存着一处气势宏大、雄浑古朴的徽派众屋式建筑，这座建于民末清初的民宅，已经被改成江一麟博物馆。江一麟（1520~1580年），字仲文，号新源，婺源江湾人。明代隆庆年间右都御使兼户部侍郎，抗倭英雄，治淮功臣，一生功勋卓著。在这里，我们仍然可以看到与那些特色的建筑一起保留下来的，还有人们对于先贤及其事迹的纪念和传承。

浙江建德新叶村

唐宋衣冠旧
皇明化育新
堂开名有序
帘卷静无尘

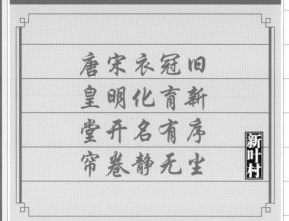

新叶村

经过约800年的岁月雕刻，新叶村的建筑风格、雕饰图案均有着不同时期的印记。

群落建筑以五行九宫布局，包含着中国传统的天人合一的哲学思想。高大封闭的白粉墙，将一户户人家包围在一个个窄小的天井院中，纵横交错的街巷、大块的石板路将户与户以及层次分明的祠堂连成一个有机、有序的整体，构成一幅体现东方神秘文化的立体图像。

历史文化背景

新叶村位于浙江省建德市大慈岩镇，始建于南宋嘉定十二年（1219年），由于以村

后的玉华山为主山，所以新叶村子系被称玉华叶氏。从玉华叶氏第一代到这里定居后历经宋、元、明、清、民国至今，已有将近800年历史。它一直没有间断地保持着血缘的聚落，繁衍成一个巨大的宗族。叶氏后人不愿轻易地拆掉祖上留下的房屋，就使得个村落的格局和古代建筑"有规划，建筑量好，村落发育程度相当高，建筑类型多而且基本上完整地保留了下来"。

新叶村也是国内较大的叶氏聚居村。百年来，玉华叶氏家族在这里建起了大片住宅，新叶村完好地保存着16座古祠堂、古大厅、古塔、古寺和200多幢古民居建筑

由于年代久远，建筑类型丰富，被海内外古建筑专家誉为"中国明清建筑露天博物馆"。

2000年，它被批准为省级历史文化保护区。新叶村地方文化丰富，有"新叶昆曲"、"新叶三月三"两项浙江省非物质遗产，另有3个项目入选杭州市级非遗名录、8个项目入选建德市非遗名录。

2010年，获住房和城乡建设部、国家文物局授予的第五批"中国历史文化名村"荣誉称号。

2012年，新叶古村入选省文化厅、省旅游局公布第二批浙江省非物质文化遗产旅游景区（民俗文化旅游村）名单。

建筑布局

新叶村从元末明初开始衰落，整个的历史过程中都在不同时期构建的房舍中和聚落的规划中清晰地呈现出来。不同时期的建筑风格、雕饰图案，无不深深地烙上了时代的印记。新叶村的老住宅，与皖南、赣北的近似，该村总体格局独特、建筑风格典型且保存完好。

叶氏族人以"有序堂"为中心，逐步建起了房宅院落，成为了新叶村的雏形。新叶村整个群落建，以五行九布局，包含着中国传统"天人合一"的哲学思想。村里的街巷有上百之多，这些街巷，宽的近3米，窄的只有80厘米。侧房子高而封闭，巷子窄而幽深。高大封闭的白粉将一户户人家包围在一个个窄小的天井院中，纵横交错的街巷将户与房子与房子连成一个有机、有序的整体，构成一幅体现东方神秘文化的立体图像。

建筑设计特色

新叶村的村口有一组特别的建筑：抟云塔、文昌阁和土地祠。建于明代的抟云塔，塔身上下无任何雕饰，造型秀丽、端庄，新叶村人又称之为文风塔，以乞求文运。文风塔建成300多年之后，清朝同治年间又在它脚边造了一座文昌阁。文昌阁是文风塔的配套建筑，同样为了祈求文运。后来在北侧，紧贴着文昌阁建成一座土地祠。土地祠祈求丰年，文风塔和文昌阁企祈求文运，三者在一起，完整地反映了农业时代叶氏家族耕读传家的理想和追求。

【史海拾贝】

新叶村是中国东南部最典型的农耕村落，具有"新叶昆曲"、"新叶三月三"两项浙江省非物质遗产。"新叶三月三"即每年的农历三月三，新叶村都会举行盛大的祭祖典礼，其在叶氏族人心目中的地位和热闹程度都要远胜于"中秋"、"春节"等传统节日。祭祀由叶氏宗族现有的五个支派——崇仁派、崇智派、崇德派、崇义派、余庆派，按天干地支的顺序轮流执掌，钱多者出钱，无钱者出力。崇仁派、崇智派、崇义派因人口相对较多，故以十年一轮为序，单独主祭，称为"大年"。新叶昆曲即是清末金华昆曲流传并遗存在浙江省建德市新叶村的一脉，与它的另一脉"宣平昆曲"并存，分布于建德、兰溪、金华、武义一带。新叶昆曲是昆剧园里的一朵奇葩，她带有些许泥土的气息，少了些宫廷脂粉气，有种别样的芬芳。

狮象呈祥

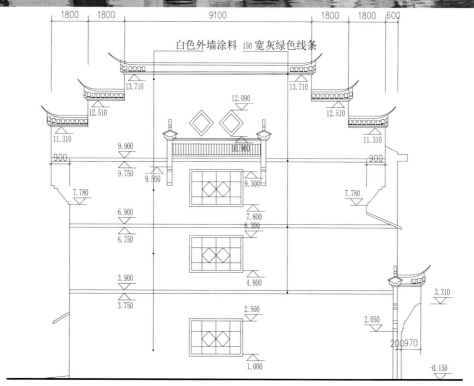

白色外墙涂料 150 宽灰绿色线条

立面图

【石板路】

　　新叶村虽然是一个封闭的宗族社会，但宗族的文化传统并不封闭。像江南许多宗族世家一样，新叶村人在创业之初就十分重视子弟读书，村里开办有书院、私塾、义学和官学堂。在新叶村纵横交错的街巷中，许多街巷的路中间是一块块大石板连接而成，这是为了让读书人"足不涉泥，雨不湿靴"而专门铺设的，而且每一条石板路都通向学校。

【木雕】

　　木雕是新叶村祠堂特色之一。许多的梁、枋、斗栱等，全部精雕细刻装饰着人物、灵兽、百鸟、回纹等，布局严谨，造型优美。镂空的人物图雕，人物面部表情逼真，服饰飘动自然，连人物的眼角、指间处也刻得毫不含糊。木梁上大多刻有戏文，以"百兽图"居多，还有"九赐言"、"凤采牡丹"等，栩栩如生。这些木雕装饰也体现了古人的爱好和追求：如狮子象征着权利和辟邪，鹿象征着食君之禄，马是壮志凌云，蝙蝠是遍地为福。

居
住
建
筑

114

【 祠堂 】

　　江新叶村的祠堂发育轨迹是非常典型的。它的祠堂数量多、等级层次分明、规格齐全，从而记录了大量历史的民俗信息。西山祠堂是新叶村最早的祠堂，也是玉华叶氏的祖庙，建于元代，如今已成为新叶小学的一部分。崇仁堂是新叶村较高大、较宽敞、较华丽的祠堂，它的规模不但超过了祖庙，也超过了总祠。一般的祠堂只有两进或三进，而崇仁堂则有四进，总进深26米。新叶的祠堂除了祭祀祖先外，还有很多方面的功能。它的议事厅，是宗族执行私法权利的地方，是举行重要礼仪活动的场所。

【有序堂】

奠定新叶村的总体格局和建筑秩序的是始祖叶坤之孙——三世祖东谷公叶克诚（1250~1323 年）。叶克诚穷其毕生精力，为整个宗族定下了基本的位置和朝向，还在村外西山岗修建了玉华叶氏的祖庙——西山祠堂，并修建了总祠——"有序堂"。有序堂位于村子的北端，它也是新叶村的结构中心，新叶村最早的住宅都建在它的两侧。到玉华叶氏第八代时，开始分房派建造分祠。这些宗祠就分布在有序堂的左右和后方。

广东东莞南社村

藏风纳水南社村
祠堂庙宇古村落
跨马横刀腐一品
祖孙万代今非昨

南社村

南社村景观独特，建筑类型十分丰富。整个古建筑群在布局、巷道、传统建筑的形制、结构、体量、用料、工艺、色调以及装饰等方面体现了明清时期广府吴越的建筑风格所形成。最为可贵的是南社村未被破坏的明末清初的建筑比较多，保留了大量石雕、砖雕、木雕、灰塑及陶塑建筑构件，具有较高艺术价值。

历史文化背景

南社村位于广东省东莞市茶山镇，处于樟岗岭与马头岭之间，面积为 11 000 平方米，现存祠堂 25 间，民居 200 多间。据史料记载，南社村在南宋时期即已立村，原称"南畲"，后因畲与蛇同音，而蛇又为民间所忌，故以近音字"社"代之，到了清康熙年间改名为"南社"。

南社村是一座以谢氏家族为主的血缘村落。但谢氏还没移来的时候，南社就已经存在了，有戚、席、麦、陈、黄等姓氏的居民在此生活。谢尚仁是出现在南社村的第一个谢姓人，是南社村谢氏家族的始祖。《南社谢氏族谱》中记载，南宋末会稽（今浙江绍兴）人谢希良之子谢尚仁因战乱南迁，几经周折定居南社。此番迁居，成了谢氏族人改变家庭或个人命运的转折点。历经元、明、清百年发展，谢氏家族日益兴盛，人才辈出，历史上出现了 11 个进士、举人，29 个秀才，其中谢遇奇还跟随左宗棠南征北战，被封建威将军。谢氏家族很快就在南社村崛起，而其他姓氏的人却慢慢衰落了。

南社古建筑群以其保存完好的古建筑、生态环境和丰富多彩的民间传统文化，先后被评为"全国重点文物保护单位"、"中国历史文化名村"、"中国景观村"、"中国民族优秀建筑—魅力名村"、"广东最美丽乡村"、"广东省旅游特色村"等荣誉称号。

建筑布局

南社村依山傍水而建，形成"长型水塘居中，呈合掌形"的布局。古村以寨墙为界，村内以中间长形水池为中心，两边利用自然山势错落布列，巷道布局合理，安全防御设施齐全。由民居、祠堂、书院、店铺、家庙、古榕、楼阁、寨墙、古井、里巷、牌门等构成具有浓郁珠江三角洲特色的农业聚落文化景观。

民居布局以三间两廊为主，以光绪六年（1880年）武进士谢汝镠的家宅为典型代表。此建筑为三间两进院落布局，与祠堂相比，显得朴素实用，但仍有灰塑、木雕、石雕等艺术构件装饰。这些融家庙、水坊、古井为一体的古建筑群落不仅保留了较为完整的明清文化，而且还成了考察早期珠三角地区水乡居民生活状况鲜有的依据，具有极高的历史文物价值和开发利用价值。祠堂除宗祠以三进布局外，各家祠、家庙则是二进四合院落形式，建筑风格以广府建筑文化为主，同时也受潮汕、安徽、湖南及西方建筑文化影响。

建筑设计特色

南社古建筑群景观独特，建筑类型十分丰富。整个古建筑群由布局、巷道、传统建筑形制、结构、体量、用料、工艺、色调以及装饰等明清时期广府吴越的建筑风格所形成。为可贵的是南社村未被破坏的明末清初的建筑比较多，保留了大量石雕、砖雕、木雕、灰

塑及陶塑建筑构件，具有较高艺术价值，其中以寨墙、谢氏大宗祠、百岁祠、百岁坊、谢遇奇家庙、资政第等建筑价值较大。

古建筑群内仍保留了祭祖、点灯、求神、喊惊、送丧、迎送新娘、春节期间舞狮、打麒麟、清明扫墓、中秋打竹篙、游会等习俗。

【史海拾贝】

南社谢氏家族发展的鼎盛时期是明清两代，这两代谢氏家族共出进士8人，这些进士（举人）对南社村的建设作出了巨大贡献。最让南社人津津乐道的是清咸丰年间的武进士谢遇奇。谢遇奇考上武进士后便到广州任职，先是被调往新疆跟随左宗棠，后又到广西镇　　压地方土匪，因为南征北战，屡立军功，　　　受到清廷赏识。回到广州　　　　　　后，他主持香港深圳中　　　　　　　　英街边界划线工作，为　　　　　　　了发展家乡经济，他还将当时正在规划兴建的广九铁路改变线路，使其穿过南社村。谢遇奇家庙是清廷为表彰谢遇奇功绩恩准而建造的。建筑为两进院落四合院式布局，硬山屋顶，抬梁与穿斗混合式梁架结构。梁架上的金木雕、石雕和正脊的陶塑工艺精美，首进垂脊人物和动物灰塑形象栩栩如生，具有较高的艺术价值。1993年谢遇奇家庙被列为东莞市文物保护单位。

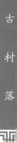

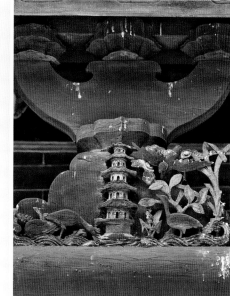

【谢氏大祠堂】

　　谢氏大宗祠位于村中心，初建于明嘉靖三十四年（1555 年），这是有建造年代记载的众多祠堂中最早的一座。
月万历四十一年（1613 年），对祠堂进行了一次整修。之后又于清乾隆五十八年（1793 年），清宣统元年（1909 年）
进行重修，修缮时，前殿墙上安设供奉祖先的神龛。

　　大宗祠为三开间三进院落布局，抬梁与穿斗混合式梁架结构，二进檩条之间用卷草花纹雕刻的叉手与托脚联接，
首进屋脊的陶塑和二、三进屋脊的灰塑及封檐板木板上的木雕工艺精美。谢氏大祠堂采用歇山屋顶，为东莞地区祠
堂少见。

【百岁祠】

　　百岁祠为三开间三进院落布局，硬山屋顶，始建于明朝，现存建筑为明神宗万历二十三年（1595年）所建。《百岁祠记》碑刻，记载了百岁祠的由来，主要是为了纪念百岁老人谢彦庆而将其居所改为祠。祠堂里现存的神台基座及碑座红石雕刻具有明代风格。

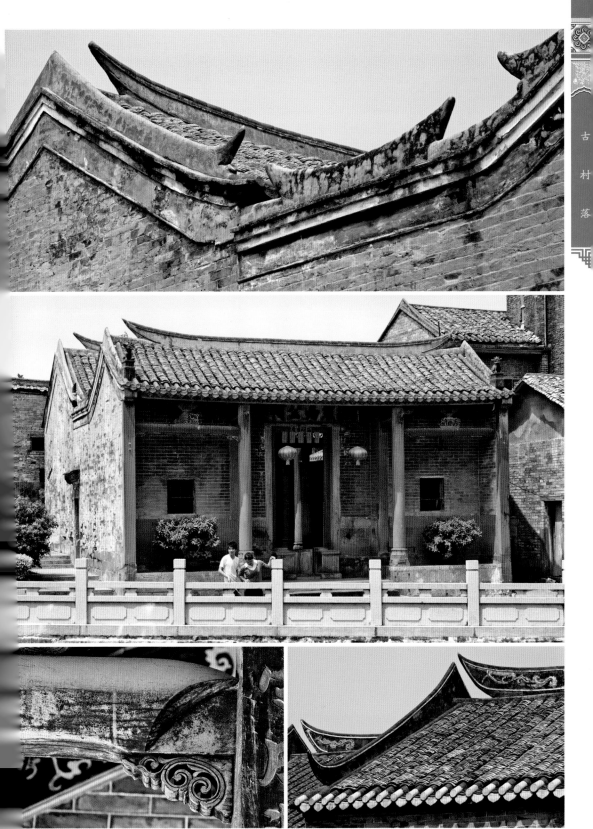

【百岁坊】

　　始建于明万历年间二十年至二十六年(1592年~1598年)。当时南社村的谢彦春夫妻都同时超过一百岁，东莞县令李文奎将此事上报朝廷，朝廷于是下文准予建祠，公祠命名为"百岁坊"，所以百岁坊的正面是像牌坊一样的建筑风格。现存建筑三开间二进院落布局，首进为三间三楼牌坊，歇山屋顶，檐下施如意斗拱，影壁、须弥座、红石雕及二进梁架的木雕工艺精巧。百岁坊坊祠结合，布局奇巧，1993年被列为东莞市文物保护单位。

广东增城坑背村

玉颊碧瞳清
想公眉宇成
傍观知国手
遗表自丹青

坑背村

坑背村依山面水而建，清浅的溪流在村前穿过，一幢幢古色古香、富有浓郁岭南风韵的祠堂、书房、村屋、碉楼依次排列在村里，诉说着一段沉沉的历史。坑背村像一幅水墨丹青画卷，展现着它的古趣和淳朴，纵然历史变迁、沧海桑田，人们仍能从一个个的建筑局部来感受到她灵光闪现的魅力。

历史文化背景

坑背村位于增城中新镇坑背村（广汕路旁），因为附近的金坑河产有坑贝而得名。坑背村民居建筑建于明末清初，保存完好。全村占地 10 000 平方米，水塘面积 6 000平方米。相传，坑背村由毛姓兄弟从附近村迁入建造，到清朝时还陆续有在修建。虽经百年风雨，但村内古代碉楼、明清古屋风采依然，古貌至今保存完整。

坑背村历经多次变迁：民国时期称坑背保，属鸭路乡公所管理。1958 年成立坑背大队。1968 年"文化大革命"中大搞扩社并队，曲溪大队与坑背大队合并为坑背大队。年成立龙台公社，曲溪从坑背大队中拆开建曲溪大队，属龙台公社管理。2003 年撤乡并村，曲溪村撤销又重新回到坑背村。

建筑布局

一座古村落依山面水而建，清浅的溪在村前穿过，一幢幢古色古香、富有浓南风韵的祠堂、书房、村屋、碉楼依次排在村里。村前为围墙、门楼、禾坪（晒谷场街前路等，建筑纵向依次排列祠堂、书房、村屋，最后是雕楼、后山及山林绿化。

村里建筑整齐划一，面向东北方向，纵横如算盘般，五间一排，十一间成一列，井然有序，规划足可与现代的小区楼盘媲美。村前面还有一个6 000多平方米的半月形水塘，十分别致。坑背村后有座古雕楼，长、宽均为16米，原五层20米高（现只剩两层），与开平碉楼风格迥异，却别有风味。着地层设有内隔墙、水井和粮仓，而二层多置较大枪眼，清时为防范匪贼而建，非常坚固，也可以储备粮食，在危难时固守待援，至今已成为具有历史文化价值的遗迹。

建筑设计特色

坑背村老屋都是硬山顶、砖木结构、青瓦白墙、锅耳封火墙、施彩绘、木格花窗，深具岭南风味。有些民居还有高高的锅耳屋顶，样子有点像古时的官帽，说明古村里曾出过高官。

坑背村是宋代宰相崔与之的故乡。崔与之（1158~1239年），字正子，晚年号菊坡，是南宋著名的治国能臣、政治家、军事家。崔与之生活在偏安半壁河山的南宋时期，选择了一条为国为民的人生道路。他从政数十年，官至显贵而不养妓，不增置秋产，不受各方馈赠，以"无以财货杀子孙，无以政事杀民，无以学术杀天下后世"的名句自警，为官德威并施，军民悦服。曾是抗金功臣，金兵对其闻风丧胆，成为宋朝的一代名臣。崔与之开岭南宋词之始。他的词章造诣颇高，被认为是"开岭南宋词之始"，所治儒学的"菊坡学派"亦被认定是岭南历史上的第一个学术流派。

山西汾西县师家沟

养在深闺人不知
下雨半月不湿鞋
根扎黄土居窑洞
儒商结合志高洁

师家沟

师家沟因其奇特、典雅和繁华的建筑，在清朝就享有"天下第一村"的美誉。师家大院是一部山地建筑的经典，是耕读文明的窑居典范。它所具有的独特的空间处理、地形利用、窑洞民居、建筑装饰、雕刻书法等风格正是许多晋商豪宅大院所无法与之媲美的。

历史文化背景

师家沟位于距汾西县城 5 000 米处的僧

念镇境内，师家沟的清代窑洞民居群兴于乾

隆三十二年（1767 年），相传由师家四兄弟

做官发达后始建。两百多年间，历经几代人精

心修筑扩张，形成总面积 50 000 多平方米的

集群型、家族式的综合体。

师家沟的形成及师家大院的闻名与师氏

家族的兴衰密不可分。庞大的师氏家族历经

明清两代，发展至今已有三四百年历史，其

家族繁衍与发展经历了从兴到衰的过程。从

始祖师文炳定居师家沟开始，经近百年的艰

苦创业到第三代师法泽才逐渐发展壮大。此

时正值乾隆盛世，封建商业经济迅猛发展，

师氏家族耕读传家，农商合一，兼营钱庄、

当铺，放高利贷，滚动发展，资金不断积累

壮大，逐步跻身于晋商行列，并占有一席之

师氏家族在发迹的同时，也与其他晋商一样，用赚来的钱广置田产、扩充家业、起房盖屋，尽显阔绰。他们不惜血本，历经二百余年，建起了占地广阔的豪宅大院，以显富贵。

发展至今，师家沟村的人文历史、村落格局均有其独特之处，与建筑遗产一起构成师家沟古村宝贵的文化遗产，具有极高的探析和研究价值。1996 年，"师家沟民居"被山西省政府公布为省级文物保护单位。2006 年"师家沟古建筑群"被国家文物局公布为全国重点文物保护单位。2008 年建设部和国家文物局公布师家沟古村为"中国历史文化名村"。

建筑布局

师家沟地势北高南低、三面环山、南边临沟，避风向阳。正如该村《师氏族谱》所记载："观其村之向阳，山明水秀，景致幽雅，龙虎二脉累累相连，目观心思以为久居之地面。"其总体布局充分利用了黄土高原的山坡沟地形态，顺势构思，设计巧妙，气势雄峻，在已知的北方与山西民居中，是稀世的经典版本。从空中俯瞰师家沟，村落依山势建于半山腰两块相连的坡地上，村落与群山交错生长、相互辉映，浑然一体，宛如从大地中自然生长出来一般。

总体来说，师家沟建筑的总体空间布局有三个特点：一是"体"，从三维空间上看，路网相互交织、四通八达，村落整体空间依照一定原则相互穿插，空间组织序列丰富；二是"线"，从垂直空间上看，街巷空间形态顺应山势变化并且沿等高线发展，街巷空间立体分布；三是"点"，从水平空间上看，村落的生长方式是以"福地"为活动中心扩散开来，各个院落围绕中心地点——"福地"布置。院落所在位置的地形特征控制着村落大致走向和内部空间结构，院落朝向一半呈东南向，而另一半呈西南向，形成村落整体空间肌理。

建筑设计特色

师家沟师洋溢着黄土高原的阳刚之气，可以说是一部山地建筑的经典，是耕读文明的窑居典范。放眼望去，整个建筑群与山势自然衔接、交融一体，层楼叠院，错落有致，鳞次栉比。它所具有的独特的空间处理、地形利用、窑洞民居、建筑装饰、雕刻书法等风格正是许多晋商豪宅大院所无法做到的。它的营建思路也值得今人借鉴，曾被国际古建筑学术界认定为：山区空间扩张利用建筑体"天下第一村"。

在建筑过程中，由于受传统封建观念和乡风民俗的束缚，师家沟在建筑布局上具有典型的封建等级观念，装饰艺术饱浸丰富的乡风民俗。建筑有主有次，有藏有露，既能满足主人对外接触交往的要求，又能满足一定的隐匿性、私密性的要求；既体现了尊卑分等、贵贱有野、上下有序、长幼有伦、内外有别、男女归位的宗法礼教，又充分显示了建筑的时代性、社会社、民族性，同时也呈现出它传统基础上的变异性、平衡性、保守三种势态。

【史海拾贝】

　　师家大院的创建人为师法泽，字仁厚，生于乾隆初年，幼年孤贫，成年后持家有道，生意兴隆。鼎盛时师家的店铺、钱庄，北抵太原、北京，南达洛阳、开封、湖南湘乡，西至西安、米脂，师家一度成为我国中南地区的名门望族。在经商的同时，师家很注重文化教育。师家在第五代、六代同门的28人中，获监生、贡生、增生、武生等功名者多达11人。"儒商结合"大大提高了师家的社会地位。师法泽本人也由于治家有方，德高望重，在当时四邻八乡享有一定的声望与社会地位，被举为"乡饮耆宾"。不过，真正使师家沟闻名遐迩的一个重要原因，是师法之孙师鸣凤与清末名臣曾国藩兄弟的深厚交往，师家沟因此成为仕官达贵，文人学士的周旋之处，被誉为"三晋第一村"。

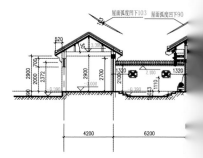

154

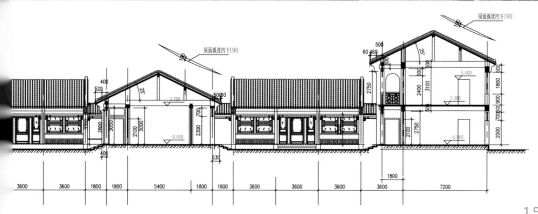

【师家大院】

师家沟以师族为首居而名，以师家大院闻世，该建筑始建于清乾隆三十四年（1769 年），经嘉庆、道光、成丰、同治四期，逐步扩建而成，占地面积 10 万平方米。它的建筑风格具有典型的北方与山西民居的特色，分主体和附属建筑两个部分。师家大院共有大小三十一家院落，建筑群以四合院、二进四合院、二楼四合院、三楼四合院为主体，分别设有正房、客厅、偏房、过厅、书房、绣楼、赏月房、门房以及工仆马厩等用房。

院落门前以巷道相连，狭长巷道采用传统的月洞门分隔空间，院与院之间又巧妙相通，或走暗道，或出偏门，或上楼门与其他院落相互联系，可谓是"走进一家院便串全村门"。主体建筑一周有一条用长方条石铺成的人行道，长达 1 500 余米，故又有"下雨半月不湿鞋"之说。整个村落既有水平方向的空间穿插，又有垂直方向的空间渗透，充分体现出丘陵沟壑区依山就势、窑上登楼的特点，又融入平原地带多进四合院的空间布局。

师家大院最值得一提的当数建筑雕刻艺术，可以说是清代乡风民俗的集中体现。其木雕、石雕、砖雕，分别装饰着斗拱、雀替、挂落、栋梁、照壁、柱础石、匾额、帘架、门罩等各个方面，体裁多样，内容丰富。仅以"寿"字为例，变化多样的窗棂图案就多达 108 种。

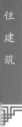

陕西韩城党家村

文星阁茸话辉煌
商号兴隆达三江
明清民居七百载
沧桑不改旧模样

党家村

党家村被称为"东方人类古代传统居住村寨的活化石"，古老的石砌巷道，形式多样千姿百态的高大门楼，考究的上马石，庄严的祠堂，挺拔的文星阁、神秘的避尘珠、华美的节孝碑与布局合理的四合院无不向人们诉说着党家村往日的兴盛与辉煌。精美奇巧的门楣、木雕、砖雕与壁刻家训使人们在欣赏赞叹之余又受到中国儒家传统人文思想的教益，感受到做人做事的哲理。

历史文化背景

党家村现属陕西韩城市西庄镇，距黄河仅3 000米，是国内迄今为止保存最好的明清建筑村寨，被称为"东方人类古代传统居住村寨的活化石"。

党家村已有680余年的历史。元至顺二年（1331年），党恕轩以种田谋生，定居于此。明永乐年间，其孙党真中举后，拟定了村落建设规划。明成化年间，党、贾两姓联姻，合伙经商，创立"合兴发"商号，在河南驻马店地区经商，生意兴隆，货船直抵汉口、佛山。据家史记载，村中当时"日进镖银千两"，富冠韩塬。明弘治八年（1495年）贾家的外甥贾璋迁居党家村，两姓联合。财更盛，四合院建筑在明末清初进入全盛期。清咸丰元年（1851年），为御匪盗，又筹银子18 000两筑土寨泌阳堡，村寨合一的局得以形成。

三年自然灾害和"文化大革命"时期，村中相当一部分厅房、哨门、戏楼被拆毁掉，造成了难以挽回的损失。让人庆幸的在改革开放带来的农村建房高潮中，党家采取了保留古村古貌另辟新村的作法，而现存的120多座四合院以及祠堂、文星阁、节孝碑、看家楼、泌阳堡已被国家当做珍稀文物加以保护，向中外开放。

2001年6月25日经国务院批文，党家村古建筑群被列入国家重点文物保护单位。2003手入选中国历史文化名村（第一批）名单。

建筑布局

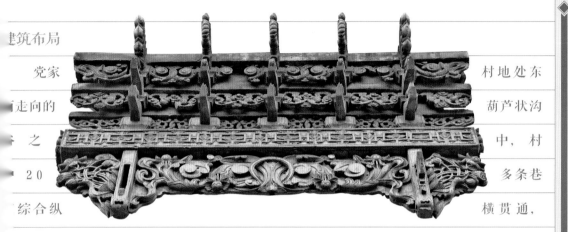

党家村地处东走向的葫芦状沟之中，村20多条巷综合纵横贯通，次分明，全部条石或卵石墁铺，古色古香，别具一格。党家村四合院一般都是一个独立的落，占地四分左右，虽有带后院、偏院的，但数量较少。上首的厅房和下首门房都将地基横向基本占尽，两侧厢房嵌在二者之间，围在中间的院落比较狭窄。厅房门房前坡的大部檐水，先要流入厢房山墙上用砖悬砌。

每院一般占地260平方米左右，呈长方形，个别的是正方形，俗称"一印"。四合院由厅房、左右厢房、门房围成。厅房为头，厢房为双臂，房为足，似人形，有喻意。厅房高大宽敞，前檐多为歇檐，为供祖和设之所，逢婚丧嫁娶，卸掉活动屏门，设席摆宴，发挥了厅房设施功能。房和厢房为起居之室，长辈兄弟居有序。走进党家村，高大气派的"走门楼"列于巷道两侧，建筑装饰十分讲究，朴实精美，三雕俱全，是雕艺术荟萃。家门外有上马石、拴马桩、拴马环。门枕为方形或鼓式，均

为石雕。有狮子门墩、鼓儿门墩、狮子鼓儿相结合的门墩，还有形体单纯的竖立双体线雕门墩，

特别是狮子门墩，无论是粗犷简略或精雕细刻，都能将这一猛兽处理得形体生动，神态逼真。

建筑设计特色

党家村石砌巷道高大气派，典雅精美的四合院门楼格外引人注目，醒目的门楣题字显

示着主人的地位和信仰，精美的石雕、砖雕、木雕工艺炫耀着主人的审美情趣和财富。四

合院中的垂花门楼十分精美，村巷中的布局更是让人叫绝。门楼两侧有美观的砖雕峙头，

内容非常丰富，有琴棋书画、梅兰竹菊、鹿兔象马，虎牛麒麟以及几何图案、万字拐、八

卦图等等。更为夺目的是门额题字，几乎家家都有，或木雕或砖刻，名家书写，相当讲究，

成为书法艺术的重要展示区。从内容上看，大致有炫宗耀祖、伦理道德、理想追求三类。

大门内照墙 多为砖雕，

主题画面题材多 样，有"鹿鹤同

春"、"封（蜂） 候（猴）挂印、"五

福（蝠）捧寿"等 等，有的则一个

"福"字或大"寿" 字。院中家训砖雕

多在厅房歇檐两侧山 墙上，内容多为道德

修养之类，文化气氛浓厚。

像这样把现实生活起居的空间拓展到了人们的精神世界，不仅有美化建筑空间，还具

跨时空对多代人进行教化的功能。这些建筑艺术，体现了中国传统建筑与文学、道德、美

的融合，凝聚着一种潜在的乡村文化力量，是劳动人民在建筑装饰上创造的文明成果。

与文学、道德、美学的融合，凝聚着一种潜在的乡村文化力量，是劳动人民在建筑装

上创造的文明成果。

【史海拾贝】

　　党家村多年受到邻村的"党圪崂人生得鬼，舍不得银钱舍得腿"的讥讽，说村上年节时不愿出钱闹社火，村人都跑老远去外村看。这话有客观写实的一面，也有主观臆猜的一面。当年党家村干体力劳动的人少，缺乏闹社火的人才，想闹但闹不起来，只能去隔壁村观看。韩城社火往往伴有唱秧歌内容，且秧歌歌词有些语涉猥亵，有伤风化。党家村极重礼教，"公直老人"主持村政时，坚决禁止演唱秧歌。所以，村里不曾有过闹社火的服装、道具，不曾出过秧歌歌唱家。抗战期间，村中有河防部队驻扎，以军人为主，也跑旱船、耍狮子、踩高跷，闹过几年。新中国成立初，党家村排练起秦腔剧，每年正月十三、十四、十五演出，外村人称赞"双生双旦四花丑"，影响半个县。年年四周村上的人不远十数里来看，村里人也把年年支应亲戚朋友来看戏当成了年节的一件大事。这对"舍不得银钱舍得腿"的讥讽倒是个有力的反驳。

【节孝碑】

　　党家村的节孝碑工艺卓而不群，青石基座上立有两丈多高的碑楼，整个碑楼可以说集党家村砖雕之大成。楼顶悬山两面坡式，檐上筒瓦包沟、五脊六兽。脊为透雕，横脊中部竖有一尊圆雕，为1公尺高四面透风的两层小阁楼。檐下结构为仿木砖雕，层层叠起的斗拱擎着檩条，檩上架着方椽。斗拱下面是横额"巾帼芳型"，额框由游龙、麒麟、香炉等图案的透雕组成。额下雕刻尤为精美，总体栏杆形状，每两个立柱间为一画面，共四幅。碑楼墙面十分平整，"清水式"砖缝横竖中绳，墙砖比别处的要小。两边墙上的对联与横额一样，是阳文砖雕。对联上方各砌有一个手捧"寿"字的人物深浮雕。碑体为碑青石质体，一丈多高，最高处透雕着三龙捧旨图案，中嵌"皇清"二字，碑的两侧有浮雕花边，远看隐隐约约，如同衬衣上的暗花，就近仔细辩认，方知为神话中的八仙，一边四个。

【文星阁】

文星阁就像是一枝直插云霄的桅杆，挺拔中透着一股坚韧。6根铁绳从顶下牵起六角飞檐，飞檐末端各垂一只大铁铃，风争铃摆，发出叮叮当当的响声。文星阁的塔身颇像《封神演义》中的托塔天王李靖手中之镇妖宝塔。登梯而上，仿佛"后人见前人履底，前人见后人顶，如画重累人矣"。一层门额题"文星阁"三字，门外也悬挂一副木制对联："配地配天洋洋圣道超千古；在左在右耀耀神灵保万民。"阁内供奉着圣人孔子以及其10位高徒的牌位，二三四层分别供奉着颜渊、曾参、子思以及孟轲的牌位，五层供奉文昌帝的牌位，顶层供的则是一手拿笔，一手执卷，正在点元的魁星爷——文曲星的塑像。

【飞檐】 　文星阁建筑设计中的飞檐是汉族传统建筑檐部形式，其特别之处是屋角的檐部向上翘起，若飞举之势。常用在亭、台、楼、阁、宫殿、庙宇等建筑的屋顶转角处，向上翘伸，形如飞鸟展翅，轻盈活泼，所以也常被称为飞檐翘角。飞檐为汉族建筑民族风格的重要表现之一，通过檐部上的这种特殊处理和创造，不但扩大了采光面、有利于排泄雨水，而且增添了建筑物向上的动感，仿佛是一种气将屋檐向上托举，建筑群中层层叠叠的飞檐更是营造出壮观的气势和中国古建筑特有的飞动轻快的韵味。

大院

大院类居住建筑有着悠久的历史,使用范围极广,可以说是中国传统居住建筑的主流。大院作为居住建筑其中的一种形式,具有鲜明、丰富的特色和地方特性。其最大的特点是除了有居住的建筑以外,还有一个或几个家庭私用的院落。由于封建宗法思想的影响,这类院落皆为内向院落,即由建筑物或院墙包的院落。

大院的平面布局为院落式,呈东西窄、南北长的长方形庭院。布局贯穿中国统思想,如尊卑有序,内外有别,等级分明,轴线对称等。一般沿中轴线方由几进套院组成,常见的为一进到三进,通常以三合院、四合为主也有带偏院的,或纵横拼接形成多重院落。中间多以矮墙、垂花门分隔。大院分为两部分:外宅和内宅。通过各个院落尺度、比例及建筑形制体量的差异形成对比,暗示院落之间的主从关系。

大院多为富商或高官世家的大宅，装饰华丽，正院门楼高大巍峨，制作精细；

随处可见的木雕、砖雕玲珑剔透；名额金字均出自名书法家之手；门口石狮

或张目怒视、或憨态可掬、栩栩如生。房屋多数坐北朝南，多为瓦房，上筑

正脊三兽，下建前檐走廊，檐前耸立通天明柱，上挂木制匾额对联，柱下石

础做工精细；院落之间，隔木雕或砖砌牌坊；屋内屋外遍布雕刻彩画，有木

雕、石雕、砖雕等多种形式，雕刻内容有吉祥图案、寓言故事、戏曲社火、生

活风俗等多种形式，雕刻位置常在正门、照壁、垂花门、正房前檐雀替、柱

头斗柱、柱础、栏板等处。精美、洗炼，起到纯朴、典雅的装饰效果。

中国居住建筑中，山西民居和皖南民居齐名，向来有"北在山西，南在安徽"

说法。本书推出山西最精彩的晋商豪宅大院——乔家大院，其

次有祁县渠家大院、太古曹家大院　等。　这

几处晋商宅院可说　是

将民居建

筑文化发挥到

极致，体现了山西

民居、甚至北方民居的

菁华，同时，它也是晋商五百

年兴衰史的见证，大院里一砖一瓦、

每个细节局部都有晋商文化交织其中。

山东曲阜孔府

与国咸休
安富尊荣公府第
同天并老
文章道德圣人家

孔府

孔府是孔子嫡系长期居住的府第，也是中国封建社会官衙与内宅合一的典型建筑。现在的孔府基本上是明、清两代的建筑，庞大的建筑群，述说着这个传奇府邸的宏大规模，有"天下第一人家"的说法。曲阜孔府精巧的"勾心斗角"设计为建筑节省了不少空间。从它雕梁画栋、楼阁群立的风貌，则可以一窥孔府当年之盛；建筑整体东西、南北的横纵排列的方式更是为"圣府"锦上添花！

历史文化背景

孔府，又称衍圣公府，位于孔庙的东侧，是孔子嫡系子孙的府第。它与孔庙、孔林合称三孔，是现存最完整的一座"公府"。

孔子死后，子孙后代世代居庙旁守庙看管孔子遗物。随着对孔子谥号的追加，历代帝王对孔子后裔也一再加封，汉元帝封孔子十三代孙孔霸为"关内侯，食邑八百户，赐金二百斤，宅一区"。这是封建帝王赐孔子后裔府第的最早记载。北宋至和二年(1055年)仁宗封孔子四十六世孙孔宗愿为"衍圣公"后，在原曲阜县城内建造了衍圣公府。明洪武十年（1377年）孔子五十五世孙孔克坚时朱元璋下诏令　　　　"衍圣公"有了设置官署，同　　　　时又特命在里故宅以东重　　　　建府第。弘治年间遭火灾，　　　　弘治十六年(15□□年）又　　　　奉命重拓广，　　　　清宣宗光十八年　　　　（1838年再次扩　　　　　修，最成为今天所看到的　　我国封建社会中衙与内宅合一的典型建筑——孔府。

孔府于1961年定为全国重点文物保护单位，1994年12月被列入《世界遗产名录》。孔府内收藏大批历史文物，最著名的是"商周十器"，亦称"十供"，形制古雅，纹饰精美，原为宫廷所藏青铜礼器，清乾隆三十六年（1771年）赏赐给孔府。府内还存有明嘉靖十三年（1534年）至1948年的档案，内容丰富，从不同角度反映了我国古代政治、经济、思想、文化的各个侧面，具有重要的历史价值。现已整理出9 000多卷的孔府档案是世界上持续年代最久，范围最广，保存最完整的私家档案。

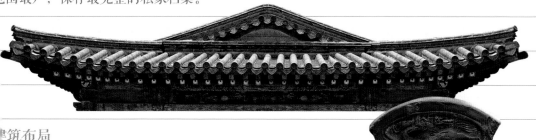

建筑布局

孔府占地75 000平方米，九进院落，楼房厅堂共463间，布局中、东、西三路，中路为孔府的主体建筑，前半部分为官衙，有三堂六厅，后半部分为内宅，有前上房、前堂楼、后堂楼、配楼、后五间等，最后为花园，是历代衍圣公及其家属游乐之所。东路为东学，有一贯堂、家庙、慕恩堂。西路为西学，有红萼轩、忠恕堂、安怀堂、南北花厅等。

建筑设计特色

作为历代一品大员——衍圣公的居住和办公场所，孔府的地位可想而知，庞大的建筑群，诉说着这个传奇府邸的宏大规模。而精巧的"勾心斗角"设计节省了不少空间。雕梁画栋、楼阁群立，孔府当年之盛可见一斑。东西、南北的横纵排列方式更为"圣府"锦上添花！

从整体外观看，孔府建筑群成数字"1"型排列，要进入衍圣公办公之地，需经过四门，

这符合封建大家族建筑特点：以多门方式体现家底深厚。从前门外看孔府，便知其规模宏大，

气势恢宏：主体结构为间五檩悬山式建筑，石狮、纪晓岚手书对联、严嵩手书"圣府"，概

括出千百年来"圣人家"的气派。大开向南之门，封建贵族气派从门前便可尽收眼底。

前堂楼，后堂楼等地引用徽派建筑当中青砖、白墙、黑瓦的建筑 风格。排水系

统印证了封建时期"肥水 不流外人

田"的说法。孔府 中，各式

楼阁都趋 向于

方

式，从外

观看极其 精美且气势恢宏，体 现了封 建贵族在

当时养尊处优的状态。

雕梁画栋是建筑美的一种呈现方式，而此类美化楼阁的方式在孔府随处可见，从进入

堂的六厅里，便可一睹雕梁画栋的风采，头上悬梁的青白之色刻画着一个个美丽的图案，

堂楼、后堂楼以红、青、蓝刻画着更加精致的图案，封建大家族气派尽显。各堂、楼建筑

为出彩。孔府大门以红边黑漆门为门扇，饰有狻猊铺首衔环，而一般官宦人家不能有的重

门更是美不可言，此门以4根石鼓夹抱的圆柱承托着彩绘屋顶，屋顶覆灰瓦，前后倒垂木

的花蕾，故又称"垂花门"，中间门额上高悬明世宗朱厚熜亲颁的"恩赐重光"的匾额。

而各堂、各楼极尽幽美，"幽"，在于其家族气派，大堂中间设红漆长案、铺虎皮太师椅

左立"十八般兵器"，右设十八块云牌架，以显权威。二堂、三堂则以"美"为主，各色

匾，金字蓝底，屏风之上，书有楷体书法，这"幽美"的建筑特点，为孔府添加了厚重之

【史海拾贝】

　　孔府大门正中高悬"圣府"金字匾额。门两旁明柱上为清代文人

己昀手书的对联：与国咸休安富尊荣公府第，同天并老文

章道德圣人家。不过这对联的上联中的"富"少一点，下

联中的"章"字成了破"日"之状。相传，孔子第四十二代孙孔

光嗣

娶亲之日，有神仙前来指点，碰到写"富"字的影壁，把"富"字去了点，并告知孔家"富"

字有点不吉。此后，孔府凡书富字皆无点，这叫"宝贵无顶"。又传说乾隆时，纪昀为孔府

书写门联，写到"章"字时数遍皆不中意，遂弃笔安歇，睡梦中见一老翁在他写的"章"字

上划了一笔，成了破"日"之状，醒后挥笔而书，果然气势不凡，这叫"文章通天"。

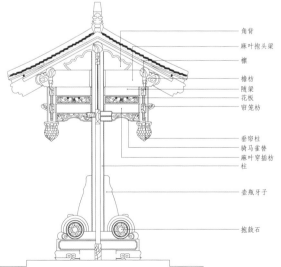

角背
麻叶抱头梁
檩
檐枋
随梁
花板
帘笼枋

垂帘柱
骑马雀替
麻叶穿插枋
柱

壶瓶牙子

抱鼓石

【贪壁】

　　孔府内宅门内壁上面画有一只状似麒麟的动物，名叫"贪"。传说是天界的神兽，怪诞凶恶，生性贪婪，能吞金银财宝。尽管在它的脚下和周围全是宝物，连"八仙"的宝贝都为它所有，但它并不满足，还想吃掉太阳，真可谓贪得无厌了。过去官宦人家常将此画绘在容易看到的地方，借以提醒自己并引以为戒。孔府将"贪"画在此处，一出门即可看到，是告诫子孙不要贪赃枉法，也算作一条重要的家训。

　　【"勾心斗角"】　意为宫室建筑的内外结构精巧严整。这种古代高超的楼阁建筑方式，在孔府中得到了巧妙的运用，尤其以孔府下人进出的一人巷为代表。斗角方式运用的同时，也为孔府选丫头设置了第一重障碍。"勾心斗角"，亦作"钩心斗角"，是古代建筑常用的方式。这里的"钩"是钩挂、钩住的意思，"心"指宫室房屋建筑的中心部位，"斗"是碰撞、接触的意思，"角"是指房屋的檐角。诸角向心，叫"钩心"；诸角彼此相向，像戈相斗，叫做"斗角"。古代杰出的建筑设计师们为了使宫室檐角伸向天空最远，在檐角的另一头使用榫卯结构勾住屋心，与横行同其相扣的短木头称为斗角。

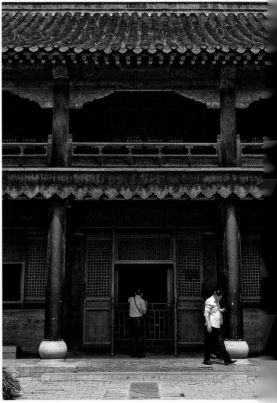

山西祁县
乔家大院

汾滨烟气半遮纱
如卿名流逐轻车
不识辋川松下客
只知灯笼出乔家

乔家
大院

乔家大院是一座具有北方汉族传统民居建筑风格的古宅。综观全院，其布局严谨，设计精巧，俯视成"囍"字形，建筑考究，砖瓦磨合，精工细作，斗拱飞檐，彩饰金装，砖石木雕，工艺精湛，充分显示了中国古代汉族劳动人民高超的建筑工艺水平，被专家学者誉为："北方民居建筑史上一颗璀璨的明珠"。

历史文化背景

乔家大院又名"在中堂"，位于山西省祁县乔家堡村，北距太原54千米，南距东观镇仅2千米，是清代全国著名的商业金融资本家乔致庸的宅邸。乔家大院始建于清代乾隆二十年（1756年），此后有过两次扩建、一次增修。第一次扩建约在清同治年间，由乔致庸主持；第二次扩建为光绪中晚期，由乔景仪、乔景俨经手；最后一次增修是在民国十年（1921年），由乔映霞、乔映奎分别完成。从始建到最后建成的格局，经过近两个世纪。虽然时间跨度很大，但后来的扩建和增修都按原先的构思进行，使整个大院一脉相承，浑然一体。

清乾隆年间，现乔家大院坐落的地方一部分正好是乔家堡村的大街与小巷交叉十字口。乔全美和他的两个兄长分家后，下了十字路口东北角的几处宅地，起建楼。主楼为硬山顶砖瓦房，砖木结构，有窗棂无门户，在室内筑楼梯。楼房墙壁厚，窗户小、坚实牢固，为里五外三院。主楼的东面是原先的宅院，也进行了翻修，作为偏院。还偏院中的二进门改建为书塾,这是乔家大院最早的院落,也就是老院。

清同治年间,乔致庸当家后,为光大门庭,继续大兴土木。他
在老院西侧隔小巷置买了一大片宅基地,又盖了一座楼房院,也是
里五外三,形成两楼对峙,主楼为悬山顶露明柱结构。由于两楼院
隔小巷并列,且南北楼翘起,故叫做"双元宝"式。

此后,乔致庸又在与两楼隔街相望的地方建筑了两个横五竖五的四合斗院,使四座院落
正好位于街巷交叉的四角,奠定了后来连成一体的格局。

清光绪中晚期,地方治安不稳,乔家的景仪、景俨为了保护自身的安危,费了不少周折,花了很多银两,买下了当时街巷的占用权。乔家取得占用权后,把巷口堵了,小巷建成西北院和西南院的侧院;东面堵了街口,修建了大门;西面建了祠堂;北面两楼院外又扩建成两个外跨院,新建两个虎廊大门。跨院间有栅栏通过,并以拱形大门顶为过桥,把南北院互相连接起来,形成城堡式的建筑群。

民国初年(1912年),乔家人口增多,住房显得不足,因而又购买地皮,向西扩张延伸。民国十年(1921年)后,乔映霞、乔映奎又在紧靠西南院的地方建起新院,格局和东南院相似。窗户全部刻上大格玻璃,西洋式装饰,采光效果也很好,显然在式样上有了改观。就是院迎门掩壁雕刻也十分细致。与此同时,西北院也由乔映霞设计改建,把和老院相通的外院敞廊堵塞,连同原来的灶房,改建为客厅。还在客厅旁建了浴室,修了"洋茅厕",增添异国风情。

靠西北院，原来有一小院，为乔家的家塾，故把此院叫做书房院。分家后，乔健打算建内花园，从太谷县一个破落大户家买回了全套假山。正待兴建时，"七七事变"爆发，日军侵华，工程停止。日军侵占时期，全家外逃，剩下空院一处，只留部分家人看护。延续至今，乔家大院成了北方民居中一颗光彩夺目的明珠。

1985 年，祁县人民政府利用这所古老的宅院成立了祁县民俗博物馆，1986 年 11 月 1 日正式对外开放。陈展 5 000 多件珍贵文物，集中反映了以山西晋中一带为主的民情风俗，陈列内容有农俗、人生仪礼、岁时节令、衣食住行、商俗、民间工艺，还专门陈列有乔家史料、乔家珍宝、影视专题等。

曾有《大红灯笼高高挂》、《昌晋源票号》《赵四小姐与张学良》等 40 多部影视剧在此拍摄，取得了一定的社会效益和经济效益。1990 年乔家大院获国家级文物先进单位称号和省级文物系统文明单位称号，1993 年乔家大院暨祁县民俗博物馆被祁县县委政府命名为文明单位，1995 年被省政府命名为爱国主义教育基地。

建筑布局

乔家大院为全封闭式的城堡式建筑群，占地 10 642 平方米，建筑面积 4 175 平方米。全院有主楼四座、门楼、更楼和眺阁六座，共分 6 个大院，20 个小院，313 间房屋，布局严谨，设计精巧。整个建筑呈现出一个"囍"字形，不仅体现了中国建筑的对称美，而且也在种祥和的氛围中昭示出一种喜庆之意。

乔家大院三面临街，不与周围民居相连。外围是封闭的砖墙，高 10 米有余，上层是女墙式的垛口，还有更楼和眺阁点缀其间，显得气势宏伟，威严高大，并且各院房顶有走道相通，便于夜间巡更护院。

建筑设计特色

乔家大院闻名于世，不仅因为它有作为建筑群的宏伟壮观的房屋，更主要的还是因其在一砖一瓦、一木一石上都体现了精湛的建筑技艺。南北 6 个大院院内，砖雕、木刻、彩绘，细腻繁复，俯拾即是。其中，石雕多在建筑的基础部分，木雕和彩绘多在木构部分，砖雕多在屋顶女儿墙处。

【史海拾贝】

传说乔家偏院外原来有个五道祠，祠前有两株槐树，长的奇离古怪，人们称为"神树"。乔家取得这块地皮的使用权后，原打算移庙不移树。后来乔全美在夜间做了一梦，梦见金甲神告诉他说："树移活，祠移富，若要两相宜，祠树一齐移。往东四五步，便是树活处。如移祠不移树，树死人不富……"没有多久，此树便奄奄一息。乔全美怕得罪了神灵，便照梦中指示的地方，把树移了过去，树真的复活了，且枝叶繁茂如初。这好像是真神显灵，乔全美于是又在侧院前修了五道祠，直至今天依然存在。

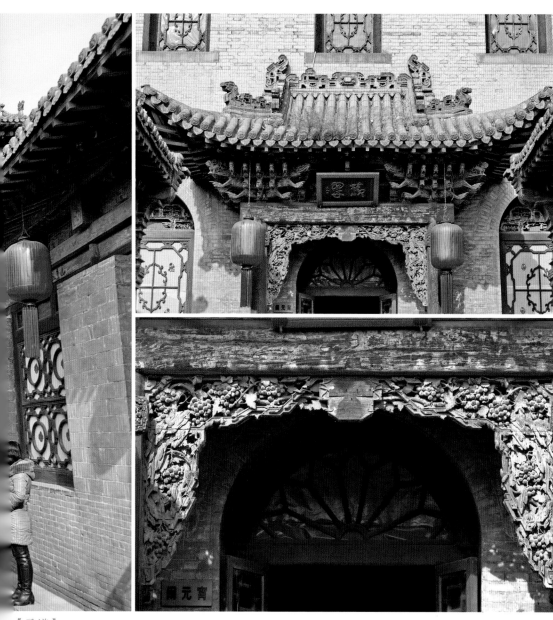

【甬道】

　　大门以里，是一条石铺的东西走向的甬道，甬道两侧靠墙有护墙围台，甬道尽头是祖先祠堂，与大门遥遥相对，为庙堂式结构。甬道把6个大院分为南北两排，北面3个大院均为开间暗棂柱，庑廊出檐大门，三大开间，车轿出入绰绰有余，门外侧有栓马柱和上马石。从东往西数，依次为老院、西北院、书房院，一、二院为三进五联环套院，是祁县一带典型的里五外三穿心楼院，里外有穿心过厅相连。里院北面为主房，二层楼，和外院门道楼相对应，宏伟壮观。从进正院门到上面的正房，需连登三次台阶，它不但寓示着"连升三级"和"平步青云"的吉祥之意，也是建筑层次结构的科学安排。

　　南面三院为二进双通四合斗院，依次为东南院、西南院、新院，硬山顶阶进式门楼，西跨为正，东跨为偏。中司和其他两院略有不同，正面为主院，主厅风道处有一旁门和侧院相通。南院每个主院的房顶上盖有更楼，并配置多建有相应的更道，把整个大院连了起来。整个一排南院，正院为族人所住，偏院为花庭和佣人宿舍。在建筑上偏院较为低矮，房顶结构也大不相同，正院都为瓦房出檐，偏院则为方砖铺顶的平房，既表现了伦理上的尊卑有序，又显示了建筑上的层次感。

【砖雕】

　　大院的砖雕工艺随处可见，有壁雕、脊雕、屏雕、扶栏雕等，题材非常丰富，主要分布在影壁、看面墙、山墙、屋脊、扶栏等处。

　　一院大门上雕有四个狮子，即四狮（时）吐云；马头上雕有"和合二仙"，抬着金银财宝；卡圆上雕有兰花。掩壁上为"龟背翰锦"，它是传统的装饰纹样，为六边形骨架组成的连续几何图形。二院大门的马头正面为犀牛贺喜，侧面为四季花卉。三院大长廊，马头正面为麒麟送子，侧面为松竹梅兰（又梅兰竹菊）。四院门楼中为香炉，侧为琴棋书画。院内"梯云筛月"享有四狮（时）如意、梅根龙头、四季花卉、花开富贵之意。五院门楼马头为麒麟送子，院内四个马头为鹿鹤桐松。南正房门楼为菊花百子，中为文武七星，回文乞巧，又叫"七夕乞巧图"。六院东院进门两侧为喜鹊登梅，背面为青竹和"福禄寿"三字。四个马头为暗八仙。正房扶栏中为葡萄，东为莲花，西为牡丹。前院内有"福德祠"，八宝图上有两个活灵活现的狮子和喻为吉庆有余的图案。

【彩绘】

　　整个大院所有房间的屋檐下部都有真金彩绘，内容以人物故事为主，除"燕山教子""麻姑献寿""滴床笋""渔樵耕读"外，还有花草虫鸟以及铁道、火车、车站、钟表等多种多样图案。这些图案堆金沥粉和蓝五彩的绘画各有别致。

大

院

【花博古】　大院木雕的花博古是杂画的一种。北宋大观年间宋徽宗命人编绘宣和殿所藏古物，成定为"博古图"。后人将图画在器物上，形成装饰的工艺品，泛称"博古"。博古图加上花卉、果品作为点缀而完成画幅的叫"花博古"。

【木雕】

　　乔家大院的木雕主要集中在梁枋、门罩、门窗、隔扇等处，其精致的板绘工艺品和巧夺天工的木雕艺术品共300余件，各雕刻品都有其民俗寓意。每个院的正门上都雕有各种不同的人物。如一院正门为滚檩门楼，有垂柱麻叶、垂柱上月梁斗子、卡风云子、十三个头的旱斗子，当中有柱斗子、角斗子、混斗子，还有九只乌鸦，工艺精湛，可称一等。二进门和一门一样，为菊花卡口，窗上有旱纹，中间为草龙旋板。三门的木雕卡口为葡萄百子图。

　　二院正门木雕有八骏马及福禄寿三星图，又叫三星高照图。二院二进门木雕有花博古和财神喜神。正房门楼为南极仙骑鹿和百子图。其他木雕还有天官赐福、日升月垣、麒麟送子、招财进宝、福禄寿三星及和合二仙等。此外，柱头上的木雕也是多种多样：如八骏、松竹、葡萄，表示蔓长多子、挺拔、健壮；芙蓉、桂花、万年青，表示万年富贵；过厅的木夹扇上刻有大型浮雕"四季花卉"、"八仙献寿"。

山西祁县渠家大院

当年翘楚誉昭余
巨贾神童蒸此居
保矿留煤资后世
挖掘当念晋商渠

渠家大院

渠家大院是一座始建于清乾隆年间的汉族民居建筑，其每一个建筑构件都是不可多得的艺术品，是当之无愧的民居瑰宝。整座大院宏伟庄重，高峻威严，气象森然，为全国罕见的五进式穿堂院落。屋内屋外彩绘华丽，堆金沥粉，富丽堂皇。院内多砖雕、木雕、石雕，而且雕刻精致，俯仰可见。其独特的建筑特色被建筑专家赞誉为"集宋、元、明、清之法式，汇江南河北之大成"，是昭余古镇的一处典范建筑。

历史文化背景

渠家大院位于山西省祁县昭余镇东大街33号，始建于清乾隆年间，距今已有近300年的历史，原为清代著名商业金融资本家渠

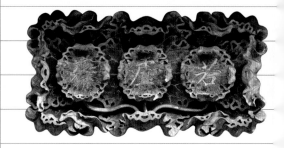

本翘的宅院。

渠氏家族是明清以来闻名全国的晋中巨商之一，在山西省祁县城内有十几个大院，千余间房屋，占地30 000多平方米，人称"渠半城"。渠氏原为长子县人，明朝时先祖渠济经常往返于祁县与长子县之间倒贩土特产，利用两地价格差异，从中赢利，日积月累有了点积蓄，便在祁县城内定居下来。他的儿子仍以小贩小卖为谋生手段，随着买卖日渐兴旺，渠家逐渐富裕起来。到第九世时家道初步呈小康景象，结束了摊贩生活，设铺面，创立字号。到第十七世"源"字时，渠氏商业进入了黄金时期，达到了顶点。

渠家十七世有著名的三大财主：田喜财主（

源潮）、旺财主（渠源滇）、金财主（渠源淦）。抗日时期，渠家受到

外敌大肆搜刮，家族逐渐走向没落。新中国成立后，渠家后人渠仁甫

捐出了祁县的房产。

1993 年，晋商文化博物馆在渠家大院创立。1996 年 9 月正式对外开放。馆内陈

列内容分晋商纵览、著名票号、巨商大贾、爱国义举、商界盛事、渠氏家族、晋剧渊源 7 大

系列，共 28 个展室，陈展面积近 5 000 平方米。博物馆比较集中地展现了晋商文化，全面地

反映了晋商称雄商界 500 年的历史过程，艺术地再现了晋商的活动足迹，提示了晋商之所以

成功的奥秘。

1999 年，渠家大院周围的民宅大院也被利用起来，陆续开办了茶庄博物馆、晋商镖局博

物馆、晋商箕县博物馆，使晋商文化的陈展内容更加丰富，使人们一进入祁县，走进渠家，

就有了对晋商文化的初步印象，激发了大家研究晋商历史的兴趣。电视连续剧《昌晋源票号》

就是以渠家为原型创作拍摄的。

筑布局

渠家大院占地 5 317 平方米，建筑面积 3 271 平方米，整座大院宏伟庄重，高峻威严，气

森然，为全国罕见的五进式穿堂院落。五进过厅各不相同，集中国传统建筑的风格于一体：

进门为楼阁式过厅大门，二进门为卷棚顶穿厅门，三进门为屏风式过门，四进门为石雕双

壁方形门，五进门为圆形单影壁月亮门。层次分明，或隐或现，形式活泼，风格迥异。

大院外观为城堡格局，气势威严，墙头为垛口式女儿墙，在宽敞高大的门楼上，是一座

玲珑精致的眺阁，巍峨壮观。院内 分为 8 个各自独立的大院、19 个小

院，共 240 间 房屋。整个大

院的院落可以分为牛房院、石雕栏院（客厅院）、五进穿堂院、排楼院、明楼院、戏台院、

统楼院三合院带书塾院，每院自成体系而又集合成一个和谐、统一的整体。明楼院、统楼院

栏杆院、戏台院巧妙结合，错落有致，典雅精巧。院落之间，有牌楼、过厅相接，形成院套

院、门连门的美妙格局。其中石雕栏杆院、五进式穿堂院、牌楼院、戏台院，堪称渠家大院

的四大建筑特色。

建筑设计特色

渠家大院建筑装饰华美，屋内屋外彩绘华丽，堆金沥粉，富丽堂皇。院内多砖雕、木雕、

石雕，而且雕刻精致，俯仰可见。院墙、大门、二门、墀头、窗式、照壁，处处都非常讲究

且题材广泛，寓意祥和，刀法精良。精湛的雕刻技艺和不朽的艺术价值，充分体现了古代

族劳动人民的卓越才能和和艺术创造力，堪称汉族民宅建筑艺术的佳作，是中华文明的一

民居瑰宝，也是山西"渠半城"的一处典范建筑。

【史海拾贝】

渠家最为知名的后代渠本翘是个集官、商、绅于一体的特殊人物，是一位积极的爱国

和精力充沛的社会活动家。他于光绪十八年（1892 年）中进士，任内阁中书。光绪二十六年（1

年）八国联军攻入北京，慈禧太后与光绪帝逃往西安，渠本翘亦投身国难。光绪二十九年（1

年）以外务部司员派往日本横滨领事。1904 年，渠本翘充任山西大学堂监督，在任内，他

居住建筑

与废除科举、兴办学堂。光绪三十二年（1906年），出资5 000两白银接办山西官办晋升火柴公司，并更名为"双福火柴公司"，是山西省第一家近代民族工业。1906年，清政府将山西潞城、阳泉等地煤矿的开采权售予英商福公司，山西省乃在阳泉创立山西近代最大的采矿企业——保晋矿务总公司，渠本翘任总理，并筹措白银1 500 000两，赎回了矿权，这一历时数年之久的保矿运动，不仅维护了民族大义，也使得渠本翘成为三晋风云人物。辛亥革命爆发后不久，渠本翘离开政界，晚年渠本翘勉力收藏及著述直至1919年逝世。作为近代山西"实业救国"的代表，渠本翘的一生注定青史留名。

【牌楼院】

　　渠家大院主院为里五外三、二进式牌楼院，院中的十一踩木制牌楼，设计巧妙，工艺精良，为古建筑中的精品；五进式穿堂院，庭院深深长约百米。屏风式过庭及石雕方形门、月亮门点缀其间，层次分明，近显远隐，有曲径探幽之妙、辈出英豪之寓。

【镂空砖雕】

　　渠家大院最大的一组镂空砖雕，长达 28.5 米，它的制作过程非常复杂，要把泥胚子烧成七成熟之后再装上去精雕细刻而成，上海建筑学院的教授看了渠家大院之后曾说："渠家的砖雕、石雕犹如墙上所生、墙上所长、栩栩如生"足见其建筑工艺之精湛。

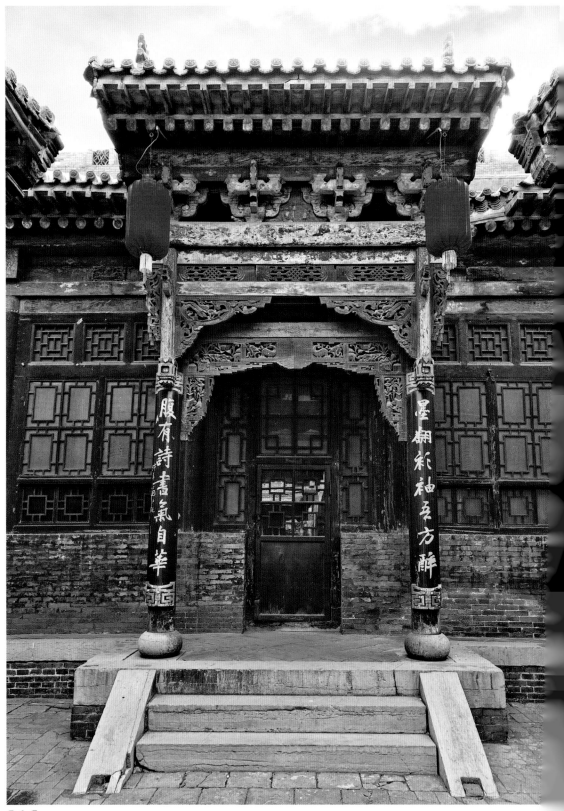

山西太谷县 曹家大院

重农抑商故国风
一旦经营富甲中
琼楼玉宇曹家院
福寿子多禄更丰

曹家
大院

曹家大院是明代风格的汉族民居建筑。宅院建筑风格古色古香，南北通融，结构独特，雄伟高大，堪称"中华民宅之奇葩"。院楼井然有序，高低错落，布局严谨，形态宏大、厚重、古朴、静雅，宛如城堡一般，可谓明代民居建筑的典范；整个建筑雕梁画栋，龙楼凤阁鳞次栉比，信步廊庑迂回，举目檐牙高喙，充分体现出了曹家当时的富有程度。

历史文化背景

曹家大院是晋商巨富曹氏家族的一座宅院，又称多福、多寿、多子的"三多堂"，位于山西省太谷县城西南 5 000 米的北洸村，距今已有 400 多年的历史。

曹家始祖曹邦彦是太原晋祠花塔村人，以卖砂锅为生，明洪武年间举家迁移到太谷北洸村，兼以耕作。曹氏发迹始于明末清初的曹三喜（曹家第十四代），曹家大院也是在他手上初具规模。曹三喜独闯关东做买卖，获利甚丰，当时所谓"关外七厅"均有曹家的商号。清兵入关，又把生意做到关内，先在太谷设号，向全国辐射。清乾隆年间，曹家商业进入鼎盛时期。其第十七代曹兆远建造了七个堂，分别命名为"吉庆堂"、"凝宜堂"、"世和堂"、"流青堂"、"德善堂"、"双合堂"、"五贵堂"并给了他的七个儿子每堂出白银 10 万两，共同组建了"曹七合"总管曹家的大小商号。几年之后，曹兆远三子"世和堂"过继给了自己的兄弟曹兆服，"曹七合"少了一堂，就改名叫"六德公"。

在其后的岁月里，曹兆远五子曹士义

"德善堂"一支独秀。曹士义虽然妻妾成群，却没有儿子，于是从大哥曹士清一门那里过继了一个儿子曹凤翔，即曹氏第十九代，曹凤翔有三个儿子，一个儿子一堂，又添三堂——"承德堂"、"承善堂"、"承业堂"，合称"三多堂"。

到了清同治、光绪年间，曹家其他各支相继衰落，而三多堂一枝独秀，在各地开设的独资或者合资商号达 400 余家，占曹家总商号的三分之二，资金达到 600 余万两白银，占曹家总资金的二分之一。民国末年，曹家后代固步自封，未能跟上时代的步伐，加之战争等因素，最终走向衰落。

曹家极盛之时，乡有"凡是有麻雀飞过的地都有曹家的商号"的说法。大业大的曹家于是在北洸村相继建起了一批布局庞大且富堂皇的宅院，包括：五贵堂、怀义堂、福善堂、三多堂等，这些建筑的平面布分别以"福""禄""寿""禧"繁体字形建造。除此之外，还有占地 240 000 平方米的食宅院以及私塾院、车棚院、马厩院、客院等十几处院落。可惜如今多数建筑已被毁，幸下来的"寿"字宅院，是曹氏家族中的一个分支堂名，其以高耸大雅，厚重古朴冠于群院首。

2006 年 5 月 25 日，曹家大院作为明至清古建筑，被国务院批准列入六批全国重点文物保护单位名单。三多堂院内还珍藏着许多文物，被为"三多堂博物馆"。

建筑布局

三多堂总占地面积 10 638 平方米，建筑面积 6 468 平方米，整体布局呈"寿"字形，坐北朝南，分南北两部分，东西井排 3 个穿堂大院，连接 3 座三层 17 米高的楼房，内套 15 个小院，现存房舍

277 间。该宅院不仅融合南北方建筑风格，而且吸收了欧洲的古建筑文化，古色古香，南北通融，结构独特，雄伟高大，堪称"中华民宅之奇葩"。楼顶还建有 3 个亭式重楼，飞阁凌空，是曹家护院家丁巡逻之地，也是主人举杯邀月之所。建筑造形酷似古代祭祀用的牛、羊、猪头像。当清晨雾气霭霭之时，或黄昏暮色茫茫之际，站在远处观赏，3 座顶楼和整个建筑一起，酷似三头庞大的"牛""羊""猪"。这种追新逐奇的建造意识，给宅院增添了几分辉煌和神秘。

三多堂的 3 座楼大院，由倒座楼、前院、过厅、院、主楼、偏院组成。平面布局为并列的三座二进四合院和二进四联环套院，前有倒座二楼间，后有主楼五开间 3 层，中间设厅堂，厅堂前后左右院东西厢房各为 5 间，东西院的东辟有垂花门与偏院相通。它打破了一般富商传统建造民居住宅的风尚和建筑格局，即二进四合院为"外三里五"（外院三间架，里院五间架）格局，而三多堂的里外院都五间架，两

居住建筑

◆

226

◆

各有房舍5间。

建筑设计特色

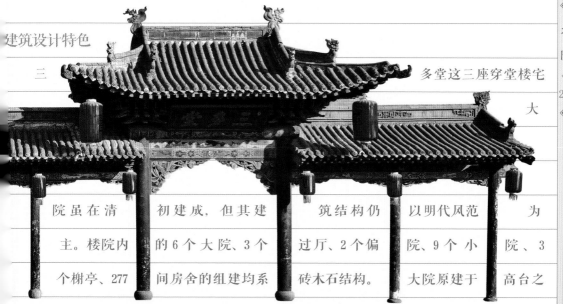

三多堂这三座穿堂楼宅大院虽在清初建成，但其建筑结构仍以明代风范为主。楼院内的6个大院、3个过厅、2个偏院、9个小院、3个榭亭、277间房舍的组建均系砖木石结构。大院原建于高台之上，四周由房屋和墙体封护，三面临街，呈封闭结构，是一处典型的明清时期的官商宅第。楼井然有序，高低错落，布局严谨，形态宏大，宛如城堡一般，屋檐梁椽等木结构上饰有彩绘，屋脊保留完好的砖雕上有莲子垂花、如意垂花和勾莲万字、寿字、喜字等图案。透过过厅向里院看去，主楼底层基座隐现，更感等级森严。整个建筑雕梁画栋，龙楼凤阁鳞次栉比，步廊庑迂回，举目檐牙高喙，体现了曹家财大气粗、家大业大的官商气魄。

【史海拾贝】

曹三喜是使曹家人由农民出身走向一代巨商的关键转折性人物。他不满现状，独闯关东，到了原东北热河省的三座塔村，以种菜、养猪磨豆腐为生，生活十分艰辛，略有积蓄后，开始利用当地盛产的高粱酿酒，酿酒业就成为曹家发展的第一个行业。曹三喜并非目光短浅之人。有了钱以后也把资本投入到其他行业的发展中。以他的商业帝国很快又发展到杂货业、典当业。三座塔村也随着地方的繁荣，人口日益增多，政府在这里建立朝阳县制。至今当地还流传有这么一句话："先有曹家店，后有朝阳县"。曹家生意不断扩大，最终于明末在东北创建了其雄厚的商业基地。到了1664年清兵入关，曹家生意也由关外向关内发展，首先回到太谷县设号，以太谷县为中心向中原各大城市辐射，雄踞了大半个中国，不仅如此还跨出国门，走向世界。横跨欧亚两个大陆，纵横几万里，不仅仅在山西人的经商史上、就是中国人的经商史上都创下了不朽的辉煌。到了清道光咸丰年间，曹家商业发展到鼎盛时期，商号达640多座，资产高达1千余万两白银，总雇员达37 000人。

大

院

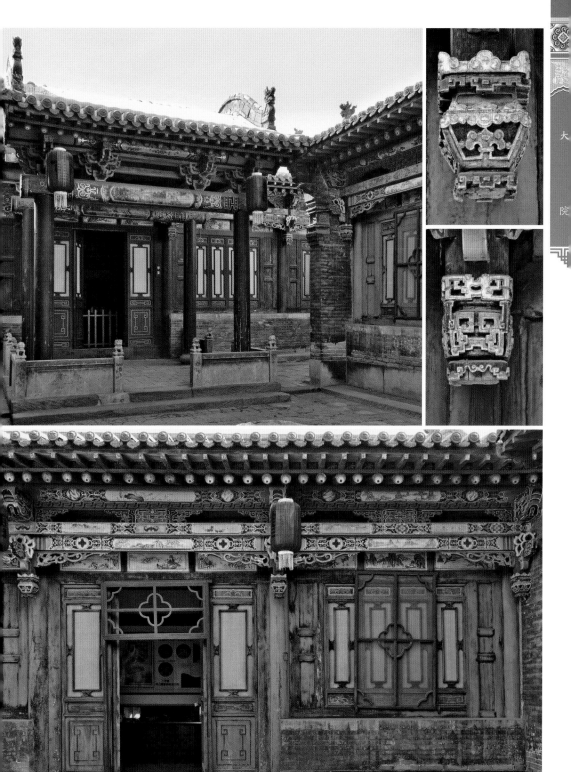

【榭亭】

　　主楼顶上是大平台，建有3个榭亭，亦称看楼。3个榭亭造型各不相同，凌空而立，雄伟挺拔。西边的主楼榭亭斗拱梁架，飞檐角翘，挑角上的兽头昂首张口，或呼风唤雨，或迎接远方的宾客。凭栏远眺，数里之外尽收眼底，俯视四周，村舍景观一清二楚。

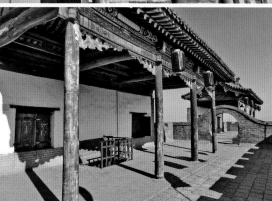

【过厅】

　　曹家的东、西楼宅大院中的过厅是五间九架和五间八架的结构形式。厅长6米，宽13米，高8米。厅内方砖墁地，大梁滚金。12根横梁中最粗的4根大梁用金粉做底色后再雕绘彩画。雕梁画柱，堆金沥粉，斗拱飞檐，装饰十分考究，可见当年的富有和显贵。

大

院

天津杨柳青
石家大院

御水人家杨柳青
古舍遗风石家院
厢堂庭院具佳景
戏台北方属罕见

石家大院

石家大院至今已有140年的历史，曾有"天津第一家"、"华北第一宅"之称。整个大院设有12个院落，所有院落都为正偏布局。其建筑结构独特，砖木石雕精美，垂花迎门这种宫廷传统结构中的绝学，彰显着豪华高贵，体现了清代汉族民居建筑的独特风格。

历史文化背景

石家大院，又称"尊美堂"，位于天津市杨柳青镇估衣街47号，始建于1875年，为当时"天津八大家"之一的石家第四子石元仕的宅院。

清雍正年间，石家的先人从山东来到天津经营船运。清乾隆五十年（1785年），石家的石衷一落户杨柳青地区，他和子孙石万程和石献廷善于经营，石家逐渐人丁兴旺，产业丰厚。清道光三年（1823年），石献廷的子嗣遵其父遗嘱各立堂名，分别是"福善堂""正廉堂""天锡堂""尊美堂"。其中石家老五石宝珩立四门"尊美堂"，现石家大院即为仅存的尊美堂。清咸丰十一年（18□年），石宝珩的长子石元俊在科举考试中□举，官拜工部郎中并致力于家族产业的经营。清光绪元年（1875年），石家大院开始动工兴建，并于清光绪三年（1877年）完工，后又不断增扩和拆改近50年，才成为一□有278间房屋和十五进院落的大型宅邸。

光绪十年（1884年），石元仕主持尊美堂

使家业扩大。清光绪二十六年（1900 年），石元仕当选为天津议会、董事会委员。中华民国

八年（1919 年），石元仕故去，石元仕的家人也离开尊美堂并迁往天津市区定居。之后，尊

美堂的大部分住宅陆续变卖。

1987 年 6 月，天津市西青区人民政府将

尊美堂（当时俗称石

大院）列为天津市西青区区级文物保

护

人 民

单位并拨资修复加以保护。此后，天津市

政府投资 560 万元对石家大院进行修复。

1992 年，石家大院被天津市文　　　　　　化局命名为"天津杨柳青博物馆"

对外开放。

2006 年，石家大院被国　　　　　　务院批准为全国重点文物保护

位。

天津杨柳青石家大院曾　　　　　　被国家文物局评为"全国文

系统优秀爱国主义教育基地"。　　　　　　也是天津重要的影视拍摄基地。

后有 9 个电影摄制组、38 个电视摄制组在石家大院选用部分场景进行拍摄。如电影《活着》

平原枪声》《大决战争：席卷大西北》，电视剧《李叔同》《少奇同志》《中国命运的决

》《梅兰芳》《啼笑姻缘》《日出》《金粉世家》等。

筑布局

石家大院占地面积为 6 080 多平方米，建筑面积为 2 900 多平方米，整个大院设有十二个

落，所有院落都为正偏布局。堂院坐北朝南，由大小四进院落组成，南北长 96 米，东西

62 米。

进入大门即是一条宽阔的长长的甬路，构成大院的中轴线，甬路上有形式各异、建筑精

美的5  座门楼。从南向北门楼逐渐升高，寓意为"步步高升"，

而每道 院门都是3级台阶，寓意为"连升三级"。道路东西两

边各有 五进院落。东院为内宅，有内账房、候客室、书房、鸳

鸯厅、 内眷住房等，现陈列着杨柳青年画、泥塑、木雕、砖雕

及天津 民俗。西边的院落为接待贵宾的大客厅、暖厅、大戏

楼、祠 堂等，现已基本恢复了原有陈设。西院的西边还有三进

院落， 是私塾先生教书及其他的专用房。这些建筑布局体现了

古代汉族 劳动人民的卓越才能和和艺术创造力。

建筑设计特色

石家大院的建筑结构独特，古色古香，尤以其砖雕、木雕、石雕最为精绝，是一座有着清末民初文化遗韵和民俗民风的中国古代宅院建筑。大院建筑用料考究，作工精细，砖雕刻形式多样，常用"福寿双全"、"岁寒三友"、"莲荷"、"万福"、"连珠"等喜庆吉祥图案。整个建筑均为青石高台、磨砖对缝，房脊山尖、陡板山墙均以砖刻为饰；础楚石、抱鼓石的石雕工艺精细；门窗、隔扇、柱头、雀替、垂花门上的木雕更是玲珑剔透，雕图案揽尽民间流传。漫步石家大院，到处充满浓郁的文化氛围，无处不耐人寻味，而无不在的被巧妙运用的"寿"文化，更体现了大院主人向往健康长寿的美好愿望。

【史海拾贝】

石元仕（1849~1919年）字次卿，是天津杨柳青石家大院的最后一位主人，把石家发到顶峰，为列"天津八大家"之一。1894年甲午战争时，石元仕在杨柳青镇首创地主团体

1900年八国联军入侵天津后，倡议设立支应局，又成立

保甲局，维护地方治安。清廷表彰其维护地方平安，授

给四品卿衔湖北试用道，后经慈禧太后召见，光绪皇帝

钦加三品衔，赏戴花翎。1906年清廷立宪诏下，自治议起，

石元仕出任天津县议会议员及副议长，后又充任镇议会议长。石元仕虽为大地主，但为人较

善良，在当地百姓中威信很高。他曾倡办教育，出资办学校，人称为"石善人"。

【尊美堂】

　　尊美堂有着"津西第一家"、"华北第一宅"的美誉,是中国北方最大的民宅。无论规模还是设计,其精密、宏大的程度,完全可以和山西的"乔家"、"王家"媲美。这一具有典型北方四合院特征的建筑以精美而闻名于世:垂花迎门是宫廷传统结构中的绝学,彰显着豪华高贵的气质;三道垂花门的门楼均精雕细刻,门柱石鼓上的"八骏图"和"丹凤朝阳"由两位巧石匠工作整整一年,耗银500两完成。石家的祖先在朝期间考察了各种各样的宅第,结合了王宫官邸与大户民宅的建筑形式,就地绘制了蓝图,高薪聘请建筑能手,采用囤积50年之久的上等砖石木材,耗资白银几十万两,工期达三年之久,修缮将近几十年,终于完成了民居史上的一次壮举,显示出中国古代汉族劳动人民建筑之科学精巧,智慧之高超绝伦。

【盝顶】　石府戏楼采取的盝顶是中国古代汉族传统
建筑的一种屋顶样式，顶部有4个正脊围成为平顶，下
接庑殿顶。盝顶梁结构多用四柱，加上枋子抹角或扒梁，
形成四角或八角形屋面。顶部是平顶的屋顶四周加上一
圈外檐。盝顶在金、元时期比较常用，元大都中很多房
屋都为盝顶，明、清两代也有很多盝顶建筑。例如明代
故宫的钦安殿、清代瀛台的翔鸾阁等。

263

【垂花门】

　　石家大院的垂花门是宫廷典制式建筑，是宫廷传统建筑中的绝活，图案为莲花倒垂所以称为垂花门。全院共有3个垂花门，根据荷花3种不同形态雕刻而成，分别是：含苞待放、花蕊吐絮、籽满蓬莲。其中，最为考究的是第一道垂花门，门柱上雕有"九狮图"，九只狮子形态各异，九谐音"长久"，狮谐音"大师"，寓意"九世太师"。雀替背面是"凤戏牡丹图"，象征荣华富贵，生机勃勃。中间两块抱鼓石正面分别是浮雕"狮子滚绣球"和"太狮少狮"图案，象征好事滚滚而来。

　　第二道垂花门位于甬道中间，门柱托耳是木雕太平有祥，平升三级图案。门楼上雕有仙鹤九只，取名"团鹤献寿"。仙鹤背面还有古代铜钱图案，象征财不外露。

　　第三座垂花门在第二道垂花门的后面，由垂柱木刻莲花开放并结有莲子而取名"籽满蓬莲"。抱柱石上是暗八仙，门楼上有木雕葫芦爬蔓图案，立意葫芦万代，象征石家子孙万代。这3座垂花门根据莲花的3个花期象征着主人一生美好的愿望：即四季平安，一代长寿，子孙万代。

【戏楼】

　　石府戏楼是石府极具特色的主体建筑之一，也是北方民宅中最大的戏楼，位于整个大院的中间，与花厅仅一墙之隔。戏楼的顶子设计独特，采用较为罕见的盉顶，外用铅皮封上，再用铜铆钉铆上一个"寿"字。整座建筑为抬梁式，左右各有6根立柱，立柱为通天式，上圆下方，取"天圆地方"之意。在立柱上方还悬设一圈回廊，称"走马廊"。戏楼内共设有120个座位，中间有"官客座"，后面台阶上设有"堂客座"，是当年石府女眷的座位。

　　戏楼建筑结构设计巧妙，特点是冬暖、夏凉、音质好。戏楼的墙壁由磨砖对缝建成，严密无缝隙，设有穿墙烟道，冬天虽寒风凛冽，楼内却温暖如春。到了夏天，戏楼内地炉空气流通，方砖青石坚硬清凉，东西两侧开有侧门使空气形成对流，加上空间又高，窗户独特的设计使阳光不直射却分外透亮，让人感觉十分凉爽。戏楼建筑用砖匀是三座马蹄窑指定专人特殊烧制，经专用工具打磨以后干摆叠砌，用元宵面打浆糊白灰膏粘合，使墙成一体，加上北高南低回声不撞，北面隔扇门能放音，拢音效果极佳，偌大戏楼不用扩音器，声音不仅在角落听得清楚，即使院内也听得明白无误。因此，石府戏楼堪称"民宅一绝"。当年的著名京剧表演艺术家余叔岩、孙菊仙、龚云甫等都在此戏楼唱过堂会。

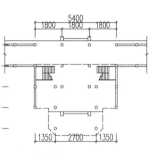

戏台底层平面图

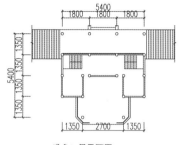

戏台二层平面图

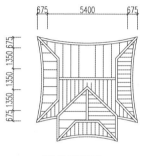

戏台屋顶平面图

浙江杭州
胡雪岩故居

三丈高墙大井东
巨商豪宅属胡公
林园江浙谁堪比
瑶殿京华差可同

胡雪岩故居

胡雪岩故居是一座既富有中国传统建筑特色又颇具西方建筑风格的美轮美奂的宅第,整个建筑为传统对称布局,南北长东西宽。进入故居,回旋的明廊暗弄、亭台楼阁、庭院天井、峭壁假山、小桥流水、朱扉紫牖、精雕门楼,让人仿佛进入了一个大大的迷宫。无论是建筑设计还是室内家具的陈设,其用料均十分考究,堪称清末中国巨商第一豪宅。

历史文化背景

胡雪岩故居,位于杭州市河坊街大井巷历史文化保护区东部的元宝街。清同治十一

年(1872年),胡雪岩在此斥资营建宅邸,开始了前无古人后无来者的安居工程,至光绪元年(1875年)建成。胡府西至袁井巷,东起牛羊司巷,北达望江路,建有十三座楼和一座杭派园林——芝园。《清代七百名人传胡光墉传》记载:胡雪岩修建"第宅园圃所置松石花木,备极奇珍。姬妾成群,起十三楼以贮之。"还有史料说他"大起园林,纵情声色,起居豪奢,过于王侯,骄奢淫逸大改本性。"

不过光绪十一年(1885年),胡雪岩因营丝业失败,其在各地开设的阜康钱庄相继倒闭,破产后的胡雪岩于当年十一月抑郁

死。光绪二十九年（1903年），其子孙将其旧宅抵债给刑部尚书协办大学士文煜，后又几易其主。

20世纪50年代胡雪岩故居开始先后被学校、工厂占用，并有135户居民入住。由于长年失修，建筑物毁损严重。1999年初，杭州市政府决定重修胡雪岩故居，总投资55 000万元，严格遵循"不改变原状"的原则，按原样、原结构、原营造工艺、原使用材料、修旧如旧的要求来恢复建设，因此呈现在人们面前的修复后的故居，基本再现了120多年前胡雪岩故居的历史风采。

建筑布局

胡雪岩的豪宅堪称海内一绝，坐北朝南，共占地约7 230平方米，建筑面积为5 815平方米。总平面为长方形，中轴线为中心，共计耗费银十余万两，是杭州最大的带园林的民居。故居采用了我国传统第的对称布局。中轴区为待客厅堂，由轿厅、正（即百狮楼）、四面厅组成；右边是居室庭院，由楠木厅、鸳鸯厅、雅堂、颐夏院、融冬院等组成，供成群妻妾居住；左边是芝园，其间有回廊相连，曲池相通。

整个建筑布局紧凑、构思精巧，居室与园林交融，建筑材料可媲美皇帝故宫，可谓更好军无材不珍。木雕、砖雕、石雕、灰塑彩绘，工艺高超，可谓无品不精。全部建筑用了整三年时间，耗费3 009万两白银，成就了我国江南晚清一处私家豪宅，其精美程度简直就一所民间工艺珍宝馆。

建筑设计特色

　　这是一座典型的徽派建筑，高高的马头墙，四面包围起整座宅院，中有很深的天井。从外边根本看不出里边的亭台楼阁，传统精美砖雕和西洋玻璃窗格装饰的结合，显示出徽派商人内敛的儒学气质与低调风格。胡雪岩的这座豪宅体现了"深情不寿，强极则辱"的道理，故而寄寓"藏而不露"的用意。

【史海拾贝】

　　胡雪岩（1823~1885年），安徽省绩溪县湖里村人。幼年时候，其家境十分贫困，以帮人放牛为生。但胡雪岩贫不夭志，少年时即表现出诚信不贪的品德。有一次给东家放牛，在路上拾得一个包袱，打开一看，里面尽是白花花的银子。他把牛拴在路边吃草，将包袱藏起来，然后坐在路边等待失主。几个时辰后，失主才慌慌张张地找了来，胡雪岩问清情况后，从路边草丛中将包袱取出交还给失主。这位失主原是杭州的大客商，不久，他又来到绩溪，把胡雪岩带到杭州学生意去了。胡雪岩天资聪颖，勤奋好学，不谋私利，加上他胆大心细，自信诚实，很快从一个小伙计一跃而成为阜康钱庄的老板，再跃而成为徽商巨头。咸丰十一年（1861年），太平军攻打杭州时，胡雪岩从上海、宁波购运军火、粮食接济清军，获得左宗棠的信赖，被委任为总管，主持浙江全省的钱粮、军饷，使阜康钱庄大获其利，也由此走上官商之路。后又依仗湘军权势，在各省设立阜康银号20余处，并经营中药、丝、茶业务，操纵江浙商业，资金最高达2 000万两以上，是当时的"中国首富"。他也是历史上获得慈禧亲授的红顶戴和黄马褂的第一位首富。

【芝园】

故居内最大的园林——芝园，是故居的精华所在。整座园林以山水景象为主题，是集雅致、诗情画意于一体的私家园林。回旋的明廊暗室、亭台楼阁，高低错落，清雅和谐。更有碑廊、石栏、小桥、水亭，曲折迂回，巧夺天工，款款用心，步步是景，可谓"无景不奇"。园中假山则建有国内现存最大的人工溶洞，曲折迂回，巧夺天工。

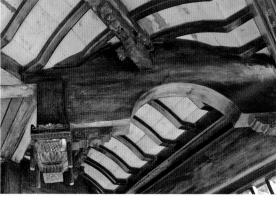

浙江泰顺县
胡氏大院

祖宗忠厚裕后裔
过则思敬知本源
世代相承福无穷
敬宗尊祖保平安

胡氏大院

胡氏大院坐西南朝东北，是以三和院为平面布局的建筑中的典型代表。整个建筑呈"品"字形分布，平面布局为棋盘式，共有上下两堂。其不仅规模庞大，而且做工精致，对称的石制门楼，构筑简约，风格大方。明间的柱头镜、月梁、牛腿、斗拱等建筑构件均有精细的雕刻，内容有龙凤、狮子、花鸟、人物故事等，呈现出浓厚祥和的人文气氛，具有很高的文物综合价值。

历史文化背景

胡氏大院位于浙江省泰顺县雪溪乡桥西村，当地亦称石门楼。胡氏大院是江南少有的大型合院式民居，不仅规模庞大，而且做工精致，同时也是泰顺县保存最完好的单体建筑，具有很高的文物综合价值。

胡氏祖居庆元官塘，明天顺年间（1457-1464年）胡道严徙居今泰顺雪溪西岸，成为当地胡氏始祖。胡氏大院始建于清乾隆年间，传至胡东伟一代，胡氏家业日盛，遂开始大规模地重修、建造住屋。胡东伟从道光十二年（1832年）起至同治甲戌年（1874年）先后建造了胡氏大院、凤垅厝、凤垅头厝等民居，前后历时40余年，经过三次的建造才形成今天的规模。光绪二十年（1894年）胡东伟之子胡一琨遇覃恩，诰封奉直大夫，胡氏家族达到顶峰。现今还有9户人家在这里居住。

建筑布局：三合院式

胡氏大院坐西南朝东北，是以三和院为平面布局的建筑中的典型代表。整个建筑

"品"字形分布，平面布局为棋盘式，共有上下两堂，上堂为三合院式建筑，下堂由南北屋及前堂组成，中间为沟通上、下堂的甬道。主体建筑有一条明显的中轴线，两侧厢房以及正屋都以这根轴线左右对称，大门原也处在中轴线上。现在大门正对前方笔架山的最高峰。

胡氏大院周边的山水环境非常优美，群山围护，田野开阔，溪流逶迤环绕。四面环建石砌高墙，整座大院共有四座门，其中大门一座，小门三座。在房屋四周有水沟相通，是排水的主要渠道。最令人称奇的是，院中的排水系统已有百余年的历史，现在还在正常使用。胡氏大院的庭院三边有排水槽承接屋檐流淌下来的雨水，内廷的地面为四周低、中间高，雨天时雨水可以顺着地势排到水沟，然后顺着水沟流入溪流，非常巧妙。

建筑设计特色

胡家大院最大的特点就是对称的石制门楼，构筑简约，风格大方。门楼上明间的柱头镜、月梁、牛腿、斗拱等构件均有精细的雕刻，内容有龙凤、狮子、花鸟、人物故事等，呈现出浓厚祥和的人文气氛。正房檐廊细部构作繁缛精致，月梁、牛腿、雀替等兼有雕刻，内容主要以人物故事居多。建筑装饰的特点之一是在厅堂的楼板梁上也作雀替。

【史海拾贝】

胡氏大院的墙体砌得非常平整漂亮，而且很坚固，是出自泰顺著名的石匠张刚之手。张刚原名汤正现，仕阳人，号称"石精"。他一生主建了许多重要工程，也留下了不少奇闻逸事。一次，张刚在砌筑仕阳水尾宫石墙时，主事人嫌他出工拖沓，把他换下改用别人砌建。不久山洪暴发，别人砌的墙段尽被冲毁，唯独张刚砌的部分安然无恙。但张刚有一缺点：为人心胸狭窄，稍不惬意便思报复。胡氏请他砌墙时，他每天午睡都要睡很长时间，东家不乐意，说了他几句，张刚自恃手艺高超，无人能接手其主持的工程，在甫一半后，拎上包袱就走，东家追至门外对他说道："我顶多把你砌的那堵院墙推倒，请别人重新砌罢

了！"张刚思忖之下又回去接着砌墙。还有一次，他故意把大院的围墙砌成倾斜欲倒之势，东家问其原因，他含笑道："我每天午休没睡够，人想睡，砌出来的墙也就歪了。"但他又劝东家不必担心，此墙保证不会倒塌。果然，该墙迄今尚保持原样未变。

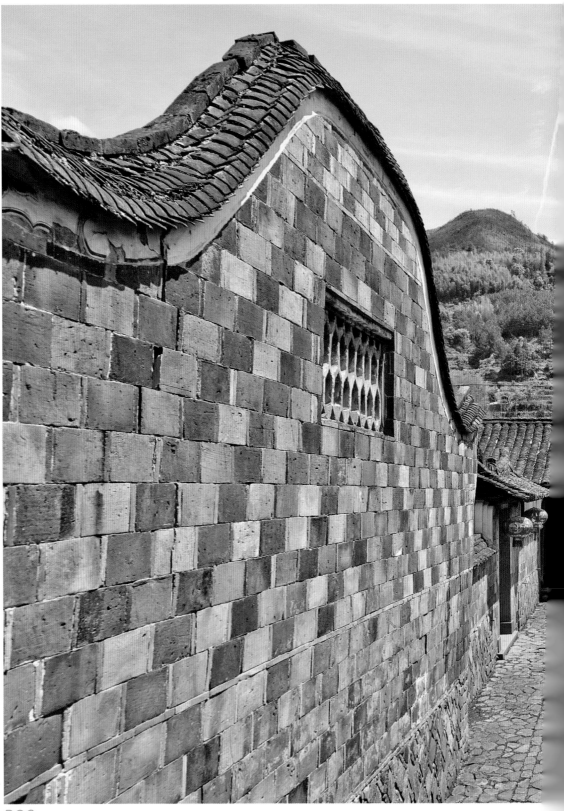

【甬道】

甬道宽4米，长约17.6米，地面用规整的卵石铺砌。甬道两旁均建墙，为南北屋的院墙。临近上堂的门楼处，其山墙则建成猫拱背式，整体高大端凝。院墙全部用卵石砌造，猫拱背山墙下段用卵石砌造，上段用砖砌，顶上铺瓦。

甬道尽端为十一级青石台阶，踏上台阶后即为上堂门楼。上堂与下堂有1.2米左右的高差。上堂门楼主体框架用条石建造，悬鱼雕刻有凤凰等图案，匾额为"日拥祥云"四字。匾额左边泥塑喜鹊、梅花，并按泥塑内容配有诗："寻常一样窗前月，才有梅花便不同"。匾额右边泥塑杨柳等，配诗："数枝杨柳不胜春，晚来风起花如雪"。

门楼朝向正堂一方的匾额为"山辉川媚"。旁边同样有泥塑，泥塑"松"配诗："闭户著书多岁月，种松皆作老龙鳞"。胡东伟于道光十二年（1832年）建造正房，道光二十一年（1841年）建造左右厢房。正房两层明间均为厅堂，是家人集会待客与祭祀先祖的地方。其余各间多为住屋，首层后部房间为灶间和杂物间。二层楼厅之外还设有栏杆。正房屋脊中墩有灰泥塑铜钱式样，寓意财源广进。房后依山坡建有花坛，花坛两端各有一口水井，是饮用水主要的来源。

【门楼】

　　胡氏大院共有上下两堂。上堂为三合院式建筑，下堂由南北屋及前堂组成，下堂第一座门楼即为整座大院的门楼，主体石构。石门楼的主要建材是杉木，建筑的结构部分与围护部分截然分开，柱子、梁架支起一片遮风蔽雨的屋顶。梁、柱、屋顶体系是开放的，空气可自由流通，在湿热的环境中，可保护木构架。

　　门槛内外的地面用小卵石铺成精致的图案，进入石门楼后向左行即为大院的第二座门楼，族人亦称"前堂"。下堂南北屋与前堂均建于同一时期，是胡东伟于咸丰二年（1852年）七月建造。南北屋建筑风格和用材均无差别，庭院内莳花种树，生意盎然。厅堂太师壁前设长桌，厅堂两边有扶手长椅。扶手长椅的靠背装饰为泰顺较少见的冰裂纹。正房格扇花心部分用棂条拼装，棂条之间用小木块雕成梅花镶在其间，起到很好的装饰效果。上绦环板的雕刻则以人物故事与花卉为内容。南北屋庭院前均建有门楼，门外之外即为通往上堂的甬道。

【宗祠与小宗祠】

　　胡氏由庆元官塘迁居泰顺历数世未建祠宇，"各家只奉木主于室之西南隅，四时享祀，亦家自饮福"。后胡氏家族商议建造大宗祠，"以酬祖德、报宗功、序世系于无穷。而族无公项，殊难会合，不得已将珪公派下日、月、星三房共立小宗于樟大坪宫之右"。道光戊戌（1838年）正月开工，大约八月份完成，总共花费约12万两白银。建造宗祠所需费用由胡氏日、月、星三房族人捐助。古代较小的宗族只有族一级的组织，而稍大的宗族如胡氏家族则分为族、房，或是族、支（柱）两个管理层次。每房或每支、每柱下辖若干家庭。还有些大族分三个管理层次，即族、支（柱）、房三级，或族、房、分房三级。

　　从胡氏大院出发，穿过长长的卵石小巷，便可望见大樟树掩映下的胡氏宗祠。宗祠规模不大，只有两进，四面环墙。门楼为木构悬山顶，寝堂面阔五开间，梁架为混合结构。寝堂梁架上悬有一块"进士"匾，是清光绪戊戌科会试中试的第七十名胡兆龙于光绪十五年（1899年）所立。胡兆龙是瑞安人。胡氏家族于道光戊戌年建立宗祠后，月房族人在胡景山的倡领下又于道光二十七年（1847年）八月另建小宗祠于樟大坪之外围，咸丰九年（1859年）五月复建后堂，形成今天的规模，是为胡氏月房之"支祠"。

湖北通山县王明璠府第

白墙黑瓦大夫第
畈上王湾居第一
大而无华极罕见
四品知府缘何起

王明璠府第是鄂东南地区遗留至今规模宏大、保存较好的古代民居之一。其平面布局采用三路五进四天井组成，中路为宗祠和戏楼，左右两路对称布置厅堂和东西厢房。整个建筑手法上具有自身的特点：带有北方民间建筑特征，设计用材粗壮、合理，结构规整严谨，独特的抬梁式和穿斗式结构，雕刻手法简练细腻、神态逼真、生动活泼。

历史文化背景

王明璠府第位于湖北通山县大路乡吴田村（俗称畈上王湾。古时该地为一片田畈，畈上聚居着姓王的村民，故名"畈上王"湾。后因王明璠家族从五里外吴田洞引水至田畈，称吴田村）。王明璠府第又名"芋园"，即大而无华（非豪宅）之意。1901年王明璠因功授封四品"朝议大夫"，其大门额书有"大夫第"的门匾，所以又名"大夫第"。王明璠府第是湖北省现存单体规模最大、保存最好的清代民宅，享有"湖北第一宅"、"楚天第一大夫第"之称。

王明璠府第始建于清咸丰年间，建成于清同治时期，是湖北仅存的"县太爷"宅院之一。民居占地达10 000平方米，分为老宅和府第。老宅为王明璠父亲王松坡所建，占地1 200平方米。府第即是王明璠退官回乡后修建的，占地8 800平方米。

2002年，通山县人民政府公布了王明璠府第的保护范围和建设控制地带。王明璠府第被列为湖北省第四批重点文物保护单位，其所在吴田村被评为全国历史文化名村。

建筑布局

　　王明璠府第坐西北朝东南，三面环水（吴田港，人称玉带河）。平面布局略呈长方形，成棋盘格横向排列，第一列为家学、粮仓；第二列是青石板墁地的内院；第三列才是主居室、五进十一开间的大夫第；第四列为后院花园、果园。总之，王明璠府第集生产、生活、作坊、学堂、花园、仓库于一体。

　　其中，老宅采用中轴对称布局，由四进三天井组成。建筑为硬山式，小青瓦屋面，四周用砖墙封护。内墙为土坯墙，门厅、主房、厢房均为硬山搁檩。

　　府第平面采用三路五进四天井组成，以宗祠为中轴线，两边严格对称布局，建筑面积为3 600平方米，面阔十一间，进深五进，每进可连通，又各自是一个独立小院。中轴线为一条宽3米、长80余米的长巷，是女眷们平日行走的避弄，也是通往家祠的通道。长巷尽头是王家祖祠，供奉先祖，雕梁画栋，装饰辉煌。府第四周高墙围护，院外人开凿的玉带河傍院而流，河之东西两处分别建"风雨桥"、"功成桥"，两桥是村落连接外界的通道。府第东有有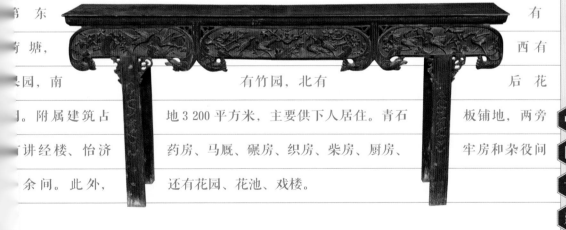西有青塘，园，南有竹园，北有后花园。附属建筑占地3 200平方米，主要供下人居住。青石板铺地，两旁讲经楼、怡济药房、马厩、碾房、织房、柴房、厨房、牢房和杂役间余间。此外，还有花园、花池、戏楼。

筑布局

　　王明璠府第建筑精美，有84间房，32个天井。天井虽多，但府第的排水系统十分完善，以没有别的村落污水横流、蚊蝇乱飞的情景。天井两侧还设有木制滚筒，专为夏天拉扯遮阳布而准备。戏台、家祠布满木雕、楹联，工艺精巧。该建筑群的老宅是砖木结构，尽管经过岁月无情侵蚀，建筑特色仍然鲜明：一个个独立的小院落、古朴的青石板地面、木榫式构件，高墙、大砖、粗梁、大柱、高耸的挡火墙，宏大的规模，精美的结构，令人惊叹。

【史海拾贝】

　　据有关资料记载，王明璠之父王松坡早年务农，仅有一间土砖房。道光末，王松坡改行经营苎麻生意致富，且在县城开了发行票据的商号。咸丰年间，王松坡回乡扩建房屋即今老宅，当地人称为"新屋道"。及至咸丰八年（1858年），王明璠中举后到江西当了县令，王家因此而发达起来。但看过王明璠府第的人都会有这样的疑问：单凭王明璠一七品知县，即使后来被授予四品知府，如此俸银如何建起这一庞大建筑群？有资料称，当年王明璠在江西做知县时，用棺材偷藏银子，多次用船溯江运回来。然而实际上是因为王明璠家族祖上是"麻商"，苴麻生意做得大，且有专门商票在境内流通。这才是王明璠府第规模宏大的真正原因所在。

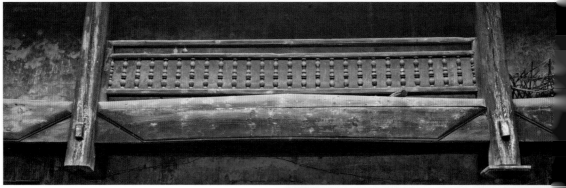

【梁架】

　　该建筑梁架有两种：一种为抬梁式，用于东、西轴线的第二、三进中间主体房屋，来扩大室内空间；一种为穿斗式，用于东、西轴线的门厅，以及东、西轴线第四、五进主体主房和天井之间的厨房。府第用材粗壮、规整，结构严谨。建筑全用方柱，柱础式样多样。西轴线第一、二、四进主房为瓶式雕花柱础；东轴线各进主房、中轴线戏楼、宗祠均为方形高础。

【硬山搁檩】 该民居建筑中的硬山搁檩是一种檩条设计方式，由于搁置在山墙上，布置较为灵活，节约材料，却对抗震相对不利。历史震害表明，无端屋架山墙往往容易在地震中破坏，导致端开间塌落，故木结构房屋不得采用硬山搁檩，高层建筑屋面也不得采用硬山搁檩。这种设计的使用范围主要在砌体结构、钢结构、混凝土结构（高层除外）中。

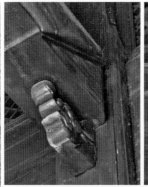

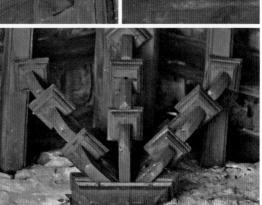

四川大邑县
刘氏庄园

一望仲容泪已潸
牙旗玉帐梦留残
电波早接延安地
弃暗投明刘自乾

刘氏庄园

刘氏庄园分为南北相望的两大公馆，规模宏大，属于保存较完好的庄园建筑群。庄园采用院落式布局，通过庭院天井回廊夹道串联起8个大院，前院分为正院和后院，庄园迂回曲折，虽然主体部分仍有明显的两条东西向轴线，但并非传统的坐北朝南的做法。整个庄园重墙夹巷，建筑十分奢豪，楼阁亭台，雕梁画栋，为中国近现代社会的重要史迹和代表性建筑之一。

历史文化背景

刘氏庄园又称刘氏庄园博物馆、地主庄园陈列馆，位于四川成都市大邑县安仁镇场口，占地总面积7万余平方米，建筑面积达2万余平方米，是大地主刘文彩的宅园。

宅园修建于1928~1942年之间，房屋350余间，分布为南北相望的两大建筑群，南北相距200米。南部是刘文彩的老公馆，于1932年建造；北部是刘文彩为自己和弟弟刘文辉（新中国成立后曾任国家林业部部长等职，1976年在北京病逝）建的新公馆，1942年落成。

刘氏庄园规模宏大，属于保存较完好的庄园建筑群，为中国近现代社会的重要史迹和代表性建筑之一。庄园遗存的大量实物和文献资料，加上独具特色的庄园陈列，上千件文物和近万件展品，构成了一个有机整体，是近代四川地主庄园建筑形式和风貌的典型，显示了在军阀混战中暴发起家的军阀、官僚、地

主、恶霸四位一体的近代地主庄园的特色，是认识和研究我国半封建、半殖民地经济、文化及四川军阀史、民俗学的重要场所和实物现场。

1996年11月刘氏庄园被国务院公布为第4批全国重点文物保护单位。

建筑布局

刘氏庄园采用院落式布局，通过庭院天井回廊夹道串联起8个大院，前院分为正院和后院，庄园迂回曲折，虽然主体部分仍有明显的两条东西向轴线，但并非传统的坐北朝南的做法。建筑布局整体呈四方形，分南北两个部分，两条东西轴线对称布置，"位"的限定左右庄园的平面布局。

建筑设计特色

整个庄园重墙夹巷，建筑十分奢豪，楼阁亭台，雕梁画栋。庄园内部分为大厅、客厅、待室、账房、雇工院、收租院、粮仓、秘密金库、水牢和佛堂、望月台、逍遥宫、花园、园等部分。现仍存有大量实物，是研究中国封建地主经济的一处典型场所。老公馆大门整足有两层楼高，主体为灰砖墙，勾白缝。一对朱砂色石狮雄踞两侧，黑漆木门门楣上一对色鲤鱼相向翘尾，两个鱼嘴似在争抢中间的白珠。其上有四个描金大字——受富宜年，衬黑底，两侧拉白瓷条饰。最上部为凸型拱边，居中一朵粉红色牡丹浮出墙面。整座大门装饰繁复、色调沉稳大方。

【史海拾贝】

　　刘文彩（1887~1949年），字星廷，其先祖为安徽人，明末为官，后辗转入川移居大邑县安仁镇。刘文彩的父亲，是一个拥有约2公顷土地兼营烧酒作坊的小地主，其房产也仅有一个十来间房的小四合院，位于刘文彩老公馆西侧，现仍有几间房保存下来，原貌依稀可辩。刘文彩最初只是赶牲口贩运货物，做些小生意。他弟兄6人，少小无成。1921年，他的五哥刘文辉任川军

旅长，驻防宜宾，委任刘文彩为四川烟酒公司宜宾分局长，后又委任宜宾百货统捐局长、川南税捐总局总办等职，刘文彩才慢慢发达起来。在20世纪20~30年代，刘湘（刘文彩的侄子）、刘文辉先后成为大军阀，控制川康两省，刘氏家族也随之急剧暴发。庄园就是在这个时期营建起来的。1949年10月，刘文彩病危回安仁镇途中，在双流县地界病死。

【老公馆】

老公馆布局错综复杂，迂回曲折，形象地反映出刘氏家族蚕食土地，扩建庄园的进程。建筑前庭西侧为堂屋，两侧为中西式会客厅；中庭西面是寿堂，供奉着刘氏祖先的灵位。

【小姐楼】

　　小姐楼位于收租院北，老公馆正门内东侧。小姐楼为院中之院，院门两侧立柱为朱砂色，门楣上方镶嵌的长方形白瓷板上有"祥呈五福"四字，最顶部一枝浮雕状白色牡丹显得雍容华贵。小姐楼高三层，三楼各面开有大窗，可俯视全院。

　　这栋"小姐楼"基本为砖木结构，皆系青砖勾白线柱墙框架，尤其精道别致在六面攒尖屋顶，它和丰囤、三角窗户及柱式拱廊结合在一起，透溢出二、三十年代半封建半殖民地这个特定历史时期的中西式建筑风貌。

311

【新公馆】

　　新公馆由两座一样的大院所组成。每一座大院由三个类似于四合院的院子组成。比起壁垒森严、显得封闭的老公馆，新公馆则空间开敞，落落大方，布局规整，配置对称，主次分明，颇有大家风范。

河南巩义
康百万庄园

庭有嘉荫书忍字
室多藏经天下事
卜得芳林居已足
百万家族留余字

康
百万
庄
园

康百万庄园是华北黄土高原封建堡垒式建筑的代表。它依"天人合一、师法自然"的传统文化选址，建成了一个各成系统、功能齐全、布局谨慎、等级森严的，集农、官、商为一体的大型地主庄园。庭院建筑形制基本上属封闭型两进式四合院，院落之间既各成体系，又互相联系。前院采用古代园林艺术传统的"障景"法设计，后院则用传统的"衬景"法。院落之间以狭窄的过道相通，曲径通幽。进入庭院，则豁然开朗，增强层次感。

历史文化背景

"康百万"是明清以来对康氏家族的统称，因慈禧太后的册封而名扬天下。康百万庄园，始建于明末清初，是康氏家族先祖康绍敬建造的府邸，他是第六代传人中的杰出代表。他读书致仕，初任洧川（今河南尉氏县境内）驿丞，后　　　晋升为山东东昌府（今山东　　　聊城）大使。此外康家的　　　十二代庄园主康大勇　　　在乾隆初年又对庄园进　　　行了大幅度扩建。

康氏家族　　　发迹始于　　　贩盐业，明朝时期已经允许私人介入贩盐业，康家第六世祖康绍敬在地方水陆交通、盐业税务等方面担任要职。到了清朝时期，康家族最具代表性的人物康应魁在清廷镇压莲教之际，通过各种手段取得了长达十年布匹有关的军需品订单，在这之前康家还断了陕西的布市。同时，康氏家族又靠造

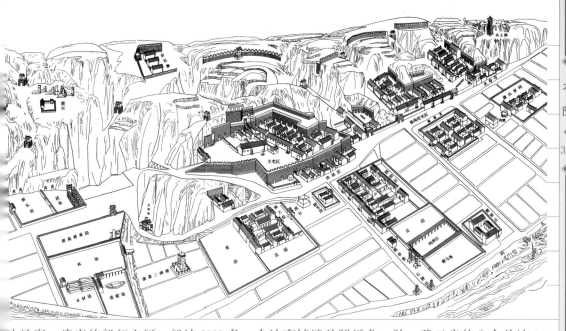

地致富，康家的船行六河，船达 3000 条。土地商铺遍及附近鲁、陕、豫三省的八个县达 1.2

万公顷，在 1773 年和 1847 年分别收到了来自清廷和同乡送给的"良田千顷"的牌匾，民间

还有"头枕泾阳、西安，脚踏临沂、济南，马跑千里不吃别家草，人行千里尽是康家田"的

顺口溜，康氏家族一度富甲三省。

晚清时期的 1900 年，八国联军入侵北京，慈禧太后携带光绪于次年逃离北京前往西安，

后又返京，路过巩义康店镇时，被称为"豫商第一人"的康鸿猷雪中送炭，

向清政府捐资一百万银两，慈禧太后一句"没成想，这山沟里

有百万之家"，被广为流传，并赐其为"康百万"的封号。

此，"康百万"成了这个庄园的主人"康氏家族"的统称，康家的

园便成了康百万庄园。

康氏家族，从明代到现代有功名的人物有 412 位，上自六

祖康绍敬，下至十八世康庭兰，一直富裕了十二代，四百多

。历史上曾有康大勇、康道平、康鸿猷等十多人被称为"康百万"。

建筑布局

康百万庄园是17、18世纪华北黄土高原封建堡垒式建筑的代表。它依"天人合一、师法自然"的传统文化选址，靠山筑窑洞，临街建楼房，濒河设码头，据险垒寨墙，建成了一个各成系统、功能齐全、布局谨慎、等级森严的，集农、官、商为一体的大型地主庄园。

庄园分南北2个建筑群体，7个院落，各个院落围绕广场呈放射状自由布置。北部落有5个院落，皆坐北向南；南部有2个院落，皆坐西向东。庭院建筑形制基本上属封闭型两进式四合院，院落之间既各成体系，又互相联系。

虽然整个庄园规模庞大，却只有一个入口。院落之间通过一些狭长的空间联系，又运用空间分割手法来增加层次，屋宇式门楼、月亮门洞、随墙简易楼和低矮的对花墙等不同形式都被用作空间的分割物，富于变化。

前院采用古代园林艺术传统的"障景"法设计，以假山、曲廊、月亮门及花墙增加层次，起峰回路转、引人入胜的作用。用葡萄、石榴、竹林等作点缀，达到移步换景的艺术效果。侧门相通各院，后院则用传统的"衬景"法，以小衬大，以幽衬深，做到欲扬先抑。前后院曲径相连，能启能闭，启则浑然一体，闭则各成体系。落之间以狭窄的过道相通，曲径通幽；进入庭院，则豁然开朗，增强层次感。

建筑设计特色

康百万庄园建筑的内、外檐装饰与家具以及陈列品，在河南民居中首屈一指。外檐装主要分布在柱础、门枕石、门窗、窑脸、雀替、花罩、檐枋、檐口、山花和屋脊等部位。

檐装修主要为空间隔断，如隔扇、罩、架。

装饰手法主要是木雕、砖雕和石雕，楹联匾额以及彩绘和灰塑。雕刻的内容主要有吉祥动物龙、凤、狮子、麒麟以及喜鹊、仙鹤等；还有植物花卉如梅、兰、竹、菊、牡丹、荷花、葡萄、葫芦等；更为传神的是人物雕刻，有常见的文臣武将，还有自己创作的读书习文、尊老爱幼、惩恶扬善等。寓意着福禄寿喜、吉祥如意，也有清高雅洁、超凡脱俗的文人士大夫情节。其中，木、砖、石三雕，刀法讲究，代表了河南民居建筑雕刻的最高水平，被誉为中原艺术的奇葩。

【史海拾贝】

在民间流传着一段"康朱联姻"的佳话。明朝末年，李自成攻破洛阳，杀了皇族"福王"朱常洵，世子朱崧脱身走投巩县知县宋文瑞，后来南渡，当上弘光皇帝，其继妃李氏也顺洛水而下，藏匿在康百万家，其夫弘光皇帝以为李妃已死，"遥尊母妃邹氏为太后"，"追号发妃黄氏、李氏为后"。从此李妃带着独生女儿隐名埋姓，苦渡时日，待女儿长大后，嫁给了康家十一代传人康惠，康家第十二代子孙皆出其门下，增强了康百万子女的文化素质教育。康朱联姻无异为康家的兴盛发达起到了重要的推动作用。

大

院

【石柱与底座】

　　康百万庄园中随处可见的底座十分引人注目，是石雕的重点，其中不乏艺术珍品。石柱子的作用是支撑房顶。这种建筑方式使石柱免受潮湿的侵蚀。这些六边形的底座是由多年形成的水晶石建造的，每个面上都刻有花卉和人物图案。最富有想象力的是一个中间镂空雕刻出来的人物，似乎整个石柱是由他们支撑起来的，人物雕刻栩栩如生，活泼可爱，而整个结构又不失平衡。

山东临沂
庄氏庄园

华夏第一庄园所
当年气象已渐磨
科举入仕贫致富
耕读传世子孙多

庄氏庄园

华夏第一庄园庄氏庄园是中国北方地区著名的以堂号为特色的庄园式建筑群体，其规模宏大，楼房林立，堂号鳞次栉比，十分壮观。庄园院落布局是多以一个大四合院套小四合院为主，且以西北方向为尊，并严格按上、中、下三个布局排列。院内多设影壁，园林采用隔景与障景手法，丰富空间层次感，增强主景感染力。

历史文化背景

庄氏庄园位于山东临沂莒南县城北15千米处，坐落于陡山脚下、浔河之畔。庄园始建于明朝末年，经历明、清、民国至今已有600余年历史，当年方圆7500米内宅院相连，四周有厚厚的城墙，四大城门。它曾是鲁南苏北大户庄氏家族的聚居地，是中国北方地区著名的以堂号为特色的庄园式建筑群体，被称为"华夏第一庄园"。

1370年，庄氏的始祖庄瑜夫妇挑着担子从江南迁居到莒南县的大店村，从此庄姓在大店开始繁衍生息，子孙繁茂。明万历年间靠卖烧饼为生的庄谦，因天资聪颖加上刻苦读书，中得进士，官至浙江道监察御史、陕西八府巡按。庄氏从此科举登第不断，先后有进士10名，举人20名，拔贡等200余名，且大多数在京城、地方做官，上至翰林、巡抚，下至议员、区长。民国年间，庄氏势力延伸到鲁、苏、豫、皖四省，成为富甲鲁南、名扬全国的豪门大户。

明朝末年，发达起来的庄氏族人们借发迹，广置土地，占山固水，聚敛资产。

些富户便开始构筑豪宅大院，随后族人竞相仿效，逐渐形成这样一处独具特色的庞大庄园群。

20 世纪的 40 年代，庄氏家族仍经营有 400 多公顷土地、3700 多公顷山场，百余个知名堂号，大力兴办工商业。中国共产党的第一个省级人民政府在这里成立。1940 年，一一五师司令部、华东局和华东军政大学都驻在庄氏庄园内。1945 年 8 月 13 日，山东省政府在这里成立，省政府办公地设在庄氏庄园"四余堂"里，所以，这里成了当时山东省党、政、军指挥中心，这也是中国共产党成立的第一个省级人民政府。1941-1945 年间，刘少奇、罗荣桓、陈毅、肖华、谷牧等老一辈革命家都在这里工作、战斗过。1991 年，庄氏庄园被国务院批准为国家级文物保护单位。如今庄园内设有"一一五师司令部纪念馆"、"山东省政府纪念馆"，这里成为著名的爱国主义教育基地。2014 年被山东省列入传统保护村落，是临沂市第一批被保护的传统村落。

建筑布局

庄园规模宏大，楼房林立，堂号鳞次栉比。莒南大店是以庄氏庄园为主体的村庄，曾以堂号组联起的宅第建筑闻名鲁南苏北。

庄氏庄园以西北方向为尊，故宅院大门设在西南角。北面的房子严格按上、中、下三个布局排列。而主屋一般也在西侧，与别处以东为上有所不同。庄氏庄园的建筑布局与当地西高东低的地势有关。大店村西面的地势高，所以，庄氏西面的房间设为主屋，由堂主来住。主屋地面基本会比庭院的地面高出半米，外面还会有一个与主屋差不多高的月台，有两间屋宽，伸出走廊，在月台下面有 3-5 层台阶，以便进出主屋。东面稍矮些的房间则是由堂主的儿子来住。中间矮的小屋则为深闺女儿的闺房，在外形上同其他房屋一样，均青砖白墙，寓意要清清白白做人。

影壁

庄园院内多设影壁，与庄园各门对景，丰富空间层次。其构造多为一堵砖墙，由基座、墙面、屋顶组成，大气简洁，装饰朴实精致，图案简单，上书"福"、"寿"等字，象征吉祥。相配的设施有马石和栓马桩，它是当年以骡马为主要交通工具时的特殊设施，反映了北方人的生活风情和庄园园主的历史地位。

隔景与障景

庄园采用了"佳则收之，俗则屏之"的造园思路和手法。景观布局采用分隔法——隔景与障景进行景区划分，用山石、树丛或建筑小品等要素来增加风景的层次感。分而不离，隔而不断，有道可通，景断意联。景观设计者讲究"欲扬先抑"，有意使人视线发生变化，以增加联系及风景层次的深远感，加强主景感染力。

建筑设计特色

庄氏庄园建筑规模宏大，错落有致，风格典雅华丽，比四川大邑刘文彩的刘氏庄园、牟平牟二黑庄园还要出名，只可惜由于保存不善，如今绝大部分建筑已被拆除。

这座庄园显著特点有三：标志家族声名显赫的堂号之多，鼎盛时期计有百余家，有名大堂号72家；庄园前堂后室四合院风格，青砖瓦房屋计5000余间，面积达15平方千米，建筑规模国内罕见；它还是当年八路军115师司令部驻扎地、山东省人民政府诞生地。是国共产党第一个省级人民政府的诞生地。

【史海拾贝】

庄谦——庄氏家族第一个科考入仕的朝廷命官,让庄氏家族命运出现了重大转折的人物。家境贫穷的庄希孟之子庄谦,弱冠之年无钱读书,只有在学堂门口卖烧饼营生。他天资聪明,记忆超群,虽不能与同龄孩子同屋读书,但却在卖饼的同时隔窗聆听先生授课,将老师所受知识烂熟于心。一天,先生王凯有事外出,临走时给学生布置下作文题目。面对题目,学堂的孩子大都抓耳挠腮面面相觑,纷纷责怪老师出题艰深。窗外的庄谦说:"这有何难?"孩子们鄙夷的眼光纷纷投向他,谁知庄谦立刻口述文章,字字珠玑,通篇大畅。孩子们见状,纷纷向他讨教。先生批改作文时,顿觉学生不似平日水准,便问清情由。王凯爱才心切,立刻登门请庄谦进学堂读书,免收学费。庄谦深知学习机会来之不易,更加发奋努力。在老师的精心培育下,他将四书五经等文章背得滚瓜烂熟,选秀才、中举人,一路过关。明万历四十七年(1619年),庄谦赴京荣登壬子科进士,被授汝宁府推官,后升任浙江道监察御使,巡按陕西八府。从此,这个家族开始真正步入官宦家庭的行列。

立　面　　　　　　　　　　　　剖　面

海南海口
侯家大院

经风历雨三百年
岁月斑驳话沧桑
侯氏典当创世纪
宣德第室藏辉煌

有着300多年历史的海南官家民居侯家大院，见证着侯氏家族的荣耀兴衰，也折射着海南的历史变迁。建于光绪十七年（1891年）的三进"十七瓦路"正屋，是侯家大院所有建筑艺术的集大成者。其独特的大院套小院、精致细密的雕刻与彩绘、浓郁的海南古民居建筑特色，使整个大院具有很高的历史价值和社会意义。

历史文化背景

侯家大院位于海口市旧州镇包道村，又称"宣德第"，该名是清朝光绪皇帝赐给琼山侯氏先祖的一个荣誉府名，据传出自两广总督张之洞的手笔。

该院由包道村的侯氏先人所建，据侯氏族谱记载：来自广东新会侯氏九世孙之一族中有个叫侯纯化的人，明末为避战乱率四个儿子自广东迁入海南开当铺，做"糖角"、布匹生意。渐渐地，家族人丁越来越兴旺，产业日益庞大，声望也水涨船高。到了第八代侯绍先时，侯氏家族已经非常壮大，并开始在旧居的基础上筹建侯家大院。光绪十三年（1887年），宣德第大院内最东一排民居全部兴建完工；光绪十五年（1889年），建成了大院内东侧三幢房子；光绪十七年（1891年），兴建起规模最庞大、最豪华的"五进五"一排三幢的房子。1904年，侯氏家族的当铺遭到盗窃，加上家族内部的纷争，使得宣德第这个曾经富甲一方的侯氏家族在经过了几年的富贵荣华之后，慢慢褪下光芒，走向衰落。

作为目前海南整体保存较为完好、具有典型海南民间建筑雕刻特点的古民居建筑群，如今的宣德第由于保护不周，许多很有价值的东西已经被破坏。一幢明末建筑土木结构瓦房，竟由于年久失修而倒塌。省内有关文博专家和侯氏后人曾多次向社会各界呼吁，如果不及时加以拯救与保护，宣德第这一民间艺术精品将会被埋没。就其历史价值、作用与社会意义而言，宣德第应列为海南省历史文物加以重点保护。

建筑布局

整个大院占地近 12 000 平方米，整齐布置建设了南北向四排房子，共有 15 幢。它在建筑布局上十分注意通风采光，人们走进其中，就像走进了一座迷宫。

三进"十七瓦路"正屋，是侯氏大院所有建筑艺术的集大成者。这三进正屋建在同一中曲线上，屋脊雕龙、屋檐翘头，前后开门相通，分为前堂、中堂、后堂。前堂为待客之所，中堂用于拜祖，后堂是主人居处。前堂斗拱上雕有凤凰、喜鹊，屏风上以浮雕、阴雕、镂空

等多种形式雕有各种花、果、牛、鸟图案，后墙上部则为木制的镂空"双喜"字样，给人一种通透的感觉。中堂的房屋前墙和庭院围墙上部都绘有各种图案，连石质门砧上也雕有花草，堂中摆放的用于祭奠祖先的神床、神龛，更是密密麻麻地雕满了各种各样的花纹图案，做工之精致、细密，令人叹为观止。

在宣德第第二个院落里的西墙上，一个大大的"寿"字经历了300多年，如今仍清晰闪亮，充满着侯家人对健康长寿的追求。而在中间一排主院落里的"福"，更是样式各异，各具特色。

侯氏选定单数年间和单数"瓦路"建房，所建的正屋也只定为三幢、三进，合起来一共一幢四进正屋和三幢三进正屋，正好是十三间正屋，很有讲究。按照中国的传统，单数为阳，双数为阴，取"阳"意为"和"、"泰"，即兴旺发达。

建筑设计特色

宣德第的建筑既有明末木结构民居建筑风格特点，又具有清代海南木结构民居建筑特色对海南民间建筑艺术研究提供了极有参考价值的实物史料。宣德第民居建筑的艺术装饰非常精湛，墙壁上有浮雕，也有绘彩画，中国传统的儒、道、佛文化艺术相通并交融，风格特异特别是室内雕刻艺术，多数为原木镂空雕刻，技术高超，刀法精湛。每一件雕刻艺术都蕴涵中国传统文化之精华，寓意深远。

宣德第建房所用木材也十分讲究，庭院里的石砖与石雕均采用当地盛产的玄武岩，做工精细，柱础则是海南农村常见的塔状，间或还有一些鼓状柱础。屋脊雕龙、屋檐勾角、外墙绘彩、屏风雕花，细致之处不胜其繁，在海南民居建筑艺术上达到了很高的水平。

【史海拾贝】

在百年风云变幻中，宣德第人才辈出，也留下了许多精彩的传奇故事。据侯氏后人介绍

1943年，日军到处烧杀抗日军民。当时，包道村内一黄姓保长不知道从何处捡回一顶日军头盔，将它藏在一个鸡笼边。有一名日军在巡逻时失踪，日军在准备收兵时发现了铁盔帽，以为本村人杀了这名失踪的日军，便疯狂地对黄姓人家进行烧杀。在这危急关头，侯氏"二婆祖"挺身而出。她说包道村的百姓都是良民，同时指出，如果不问明情况就到处烧杀良民，势必造成良民起来反抗。通过日军翻译一番解释，日军军官觉得她的话有道理，也被她一名弱女子的气概所折服，便罢兵不再烧杀包道村。这个故事，也被老一辈人作为教育后人不要忘记"二婆祖"等先人的典范。

参考资料

[1] 程建军 . 广州陈家祠建筑制度研究／民居史论与文化 [M]. 广州: 华南理工大学出版社 ,1995.

[2] 侯幼彬 . 中国建筑美学 [M]. 哈尔滨: 黑龙江科学技术出版社 ,1997.

[3] 黄芳 . 传统民居研究的过去、现在和未来 [J]. 学术论坛

[4] 荆其敏,张丽安 . 中外传统民居——生态家屋 [M]. 天津: 天津科学技术出版社 ,1996.

[5] 姜昧茗 . 论影响明清徽州民居的社会文化因素及表征 [J], 2003.

[6] 季富政 . 巴蜀城镇与民居 [M]. 成都: 西南交通大学出版社 ,2000.

[7] 季富政,庄裕光 . 四川小镇民居精选 [M]. 成都: 四川科学技术出版社 ,2000.

[8] 梁思成 . 中国建筑史 [M]. 北京: 中国建筑工业出版社 ,1990.

[9] 罗哲文,王振复 . 中国建筑文化大观 [M]. 北京: 中国建筑工业出版社 ,2001.

[10] 罗雨林 . 岭南建筑明珠——广州陈氏书院 [M]. 广州: 岭南美术出版社 ,1996.

[11] 罗哲文,王振复 . 中国建筑文化大观 [M]. 北京: 中国建筑工业出版社 ,2001.

[12] 刘敦桢 . 中国住宅概说 [M]. 北京: 中国建筑工业出版社 ,2004.

[13] 刘沛林 . 古村落: 和谐的人聚空间 [M]. 上海 : 上海三联书店出版社 ,1997.

[14] 李湘洲,才东明 .21 世纪建筑 [M]. 北京: 中国建材工业出版社 ,2002.

[15] 李道增 . 环境心理学概论 [M]. 天津: 天津科学技术出版社 ,1999.

[16] 李先奎 . 四合院文化精神 [J]. 中国传统民居与文化论文集第五辑 . 北京 ,1997.

[17] 陆元鼎 . 序——抢救民居遗产,加强理论研究,深入发掘传统民居的价值 [J]. 华中建筑 ,1990

[18] 马铁丁 . 环境心理学与心理环境学 [M]. 天津: 天津科学技术出版社 ,1996.

[19] 彭一刚 . 建筑空间组合论 [M]. 北京: 中国建筑工业出版社 ,1998.

[20] 沙润 . 中国传统民居建筑文化的自然观及其渊源 [J]. 人文地理 ,1997.

[21] 沈福煦,刘杰 . 中国古代建筑环境生态观 [M]. 湖北教育出版社 ,2002.

[22] 孙大章 . 中国民居研究 [M]. 北京: 中国建筑工业出版社 ,2004.

[23] 王其明,王绍周 . 北京四合院住宅 [M]. 北京: 中国建筑工业出版社 ,1998

[24] 王振复 . 大地上的宇宙——中国建筑文化理念 [M]. 上海: 复旦大学出版社 ,2001.

[25] 文纳·布莱斯 Wemer Blaser. 中国四合院 [M]. 北京: 中国建筑工业出版社 ,1997.

[26] 张振 . 中国建筑文化之根基——濡、道、佛（释）与中国建筑文化 [J]. 华中建筑 ,2003.

[27] 张国梅 . 浅谈徽州传统民居的环境布局及建筑特色 [J]. 安徽建筑 ,2002.

索引

图书在版编目（CIP）数据

中国古建全集.居住建筑.2/广州市唐艺文化传播
有限公司编著.-- 北京：中国林业出版社，2018.1

ISBN 978-7-5038-9224-0

Ⅰ.①中… Ⅱ.①广… Ⅲ.①居住建筑－古建筑－建
筑艺术－中国 Ⅳ.① TU-092.2

中国版本图书馆 CIP 数据核字 (2017) 第 184596 号

编　　著：广州市唐艺文化传播有限公司
策划编辑：高雪梅
流程编辑：黄　珊
文字编辑：张　芳　　王艳丽　　许秋怡
装帧设计：林国仁

中国林业出版社 · 建筑分社
策　　划：纪　亮
责任编辑：纪　亮　　王思源

出版：中国林业出版社（100009 北京西城区德内大街刘海胡同 7 号）
网站：lycb.forestry.gov.cn
印刷：北京利丰雅高长城印刷有限公司
发行：中国林业出版社
电话：（010）8314 3518
版次：2018 年 1 月第 1 版
印次：2018 年 1 月第 1 次
开本：1/16
印张：22.25
字数：200 千字
定价：188.00 元
全套定价：544.00 元（3 册）